初心者でもプロ級のデザイン！

アドビ エクスプレス & アドビ ファイアフライ
Adobe Express & Adobe Firefly 完全マニュアル

りゅうかつや 著

秀和システム

※本書は 2025 年 3 月現在の情報に基づいて執筆されたものです。
　本書で紹介しているサービスの内容は、告知無く変更になる場合があります。あらかじめご了承ください。

■本書の編集にあたり、下記のソフトウェアを使用しました

・macOS Sequoia　バージョン 15.3.2
・Windows11

上記以外のバージョンやエディション、OS をお使いの場合、画面のバーやボタンなどのイメージが本書の
画面イメージと異なることがあります。

■注意

(1) 本書は著者が独自に調査した結果を出版したものです。
(2) 本書は内容について万全を期して作成いたしましたが、万一、ご不備な点や誤り、記載漏れなどお気付
　　きの点がありましたら、出版元まで書面にてご連絡ください。
(3) 本書の内容に関して運用した結果の影響については、上記(2)項にかかわらず責任を負いかねます。あ
　　らかじめご了承ください。
(4) 本書の全部、または一部について、出版元から文書による許諾を得ずに複製することは禁じられてい
　　ます。
(5) 本書で掲載されているサンプル画面は、手順解説することを主目的としたものです。よって、サンプル
　　画面の内容は、編集部で作成したものであり、全て架空のものでありフィクションです。よって、実在
　　する団体・個人および名称とはなんら関係がありません。
(6) 商標
　　QR コードは株式会社デンソーウェーブの登録商標です。
　　本書で掲載されている CPU、ソフト名、サービス名は一般に各メーカーの商標または登録商標です。
　　なお、本文中では ™ および ® マークは明記していません。
　　書籍中では通称またはその他の名称で表記していることがあります。ご了承ください。

はじめに

本書を手に取っていただき、ありがとうございます。

「デザイン力を高めて、ビジネスやSNS、日々のコミュニケーションで、もっとクリエイティブなコンテンツを作りたい」と思っていませんか？本書は、そんな思いを持つデザイン未経験者や初心者の方に向けて執筆しました。

Adobe Express と Adobe Firefly は、Adobe 社が開発したツールです。Adobe といえば、Photoshop や Illustrator、Premiere Pro など、プロのクリエイターなら必ずと言っていいほど使用しているソフトウェアで知られています。

Adobe は「Creativity for All：すべての人に『つくる力を』」という信念のもと、年齢やバックグラウンドを問わず、すべてのクリエイターを支援する取り組みを行っています。その理念を最も体現したアプリこそが、Adobe Express と Adobe Firefly であると私は考えています。

私自身、専門的にデザインを学んだ経験はありません。約30年前にデザインの仕事に携わり始めたときは、デザインの基礎知識やAdobe ソフトの習得に苦労しました。当時、Adobe Express のようなツールがあれば、どれほど助けられたことでしょう。

本書では、Adobe Express と Adobe Firefly の基本的な使い方に加え、アイデアを形にするためのヒントや、AIを活用した表現方法を紹介しています。難しい理論や専門知識は必要ありません。実際に手を動かしながら読み進めていただくことで、その使いやすさを実感していただけるはずです。

皆さんがAdobe Express と Adobe Firefly を活用し、クリエイティブな体験を楽しむための一助となれば幸いです。

2025年3月

Design EX（デザインエクス）

りゅうかつや

本書の使い方

このSECTIONの目的です。

このSECTIONの機能について「こんな時に役立つ」といった活用のヒントや、知っておくと操作しやすくなるポイントを紹介しています。

02-11 不透明度と描画モード

デザインに深みと立体感を与える不透明度と描画モード
Adobeのクリエイティブツールに標準搭載されている不透明度や描画モード。スライダーやワンクリックで、画像をダイナミックに変化させることが可能です。画像編集において非常に重要な要素であり、画像の見た目や質感を大きく変えることができます。

画像の不透明度を調整する

1 画像を選択し、画像パネル上部の「編集」>「不透明度」をクリック。

2 画像パネルの不透明度のスライダーで調整（数値入力も可）。

> 💡 **Hint**
> **不透明度でデザインに深みと立体感が生まれる**
> 　不透明度を調整することで、レイヤーの透明感をコントロールできます。例えば、不透明度を50%に設定すると、そのレイヤーは半透明になり、下にあるレイヤーや背景が透けて見えます。0%に設定すると完全に透明になります。この機能は、特定の要素を強調したり、背景と調和させたりする際に非常に役立ちます。特に、複数のレイヤーを重ねることで、深みや立体感を演出することが可能です。

54

操作の方法を、ステップバイステップで図解しています。

用語の意味やサービス内容の説明をしたり、操作時の注意などを説明しています。

⚠ **Check**： 操作する際に知っておきたいことや注意点などを補足しています。

💡 **Hint**： より活用するための方法や、知っておくと便利な使い方を解説しています。

📘 **Note**： 用語説明など、より理解を深めるための説明です。

本書の内容

Adobe Expressの使い方 (Chapter01〜07)

基本操作から便利なクイックアクション機能、デザインで活用するヒントなど

主な内容：
アカウント作成/テンプレートからのコンテンツ作成/画像や動画のトリミング・サイズ変更/フィルターや色調補正を使った編集/アニメーションの設定/ワンタッチで画像の背景を削除/QRコードやロゴマークの作成/チラシやSNS動画の作成/複数のメンバーで共有して編集作業

Adobe Fireflyの使い方 (Chapter08〜10)

画像生成、画像編集、プロンプトの基本、ライティングや構図設定のポイントなど

主な内容：
テキストから画像生成/「構成参照」でお手本画像の構図を元に生成/「スタイル参照」でお手本画像のテイストを元に生成/AIを使った似顔絵作成/AIで画像にオブジェクトを追加・削除/意図通りの画像を生成するプロンプトの公式

Creative Cloud各サービスの使い方 (Chapter11〜13)

Adobe Stockの素材、Adobe Fontsのフォント、Adobe Colorでの配色活用など

主な内容：
Adobe ExpressからCreative Cloudへのアクセス/Creative Cloudストレージの活用/Adobe Stockで素材を検索する/Adobe Fontsのフォントを使う/Adobe Colorでカラーパレットを作成する/Adobe Colorを活用したコンテンツのデザイン例

目　次

はじめに …………………………………………………… 3

本書の使い方 ……………………………………………… 4

本書の内容 ………………………………………………… 5

補足情報・最新情報について ………………………… 16

Chapter01　Adobe Expressで広がるデザインの可能性 …………… 17

01-01　Adobe Expressってどんなデザインツール？ ………… 18
専門知識がなくてもプロのようなデザインができる

01-02　インストール不要ですぐに使える ………………… 24
専門知識がなくてもプロのようなデザインができる

01-03　豊富なフリー素材とテンプレートを活用しよう ………… 27
プロが提供する高品質の素材を利用できる

01-04　プロも驚き！クイックアクション ………………… 28
複雑で面倒だった作業がワンクリックで解決

01-05　無料プランとプレミアムプラン（有料）の違い ………… 29
無料でも充実機能、プレミアムプランなら無制限に使える

01-06　Adobe Express の最新情報を入手する ……………… 31
次々に追加される新しい機能をチェックしよう。特にAI機能には注目

Chapter02　基本操作をマスターしよう ……………………………… 35

02-01　基本画面を覚えよう ………………………………… 36
目的がはっきりしていれば簡単に進める画面構成

02-02　プロジェクトの新規作成 …………………………… 37
専門知識がなくてもすぐに始めることができる

02-03　テンプレートから新規作成 ………………………… 39
テンプレートでプロ級デザイン

02-04　基本的な操作方法 …………………………………… 41
直感的な操作で簡単編集

6

02-05	写真や画像の追加	43
	ハイクオリティな画像素材がすぐに使える	
02-06	写真や画像の編集①：サイズを変更する	45
	写真や画像を簡単リサイズ	
02-07	写真や画像の編集②：トリミング	46
	必要な部分だけを簡単トリミング	
02-08	写真や画像の編集③：フィルターの適用	48
	写真に映えるダブルトーン効果	
02-09	写真や画像の編集④：色調補正・ぼかし	50
	写真を彩る色調補正とぼかし	
02-10	色調補正のコツ	52
	写真の魅力を引き出す色調補正	
02-11	不透明度と描画モード	54
	デザインに深みと立体感を与える不透明度と描画モード	
02-12	レイヤー構造と特徴	58
	自由度を高めるレイヤー構造	
02-13	「編集パネル」とは	60
	デザイン編集をもっと簡単に	
02-14	テキストの入力と編集	62
	フォントもデザインと考えよう	
02-15	図形やアイコンの追加	69
	視覚で訴える図形やアイコン素材	
02-16	デザイン素材の追加	71
	メインビジュアルを引き立てるデザイン素材	
02-17	背景の設定	75
	背景画像を変えて魅力的なデザインに	

02-18 **カラー編集** ··················· **78**
色の編集は作品の印象を大きく左右する重要な要素

02-19 **カラーパレットの作り方** ··············· **81**
配色の基本となるカラーパレットを活用しよう

Chapter03 使えるツール解説 ·················· **87**

03-01 **メインになるフリー素材「メディア」** ············ **88**
写真と動画で表現を豊かに

03-02 **メディア①写真** ··················· **89**
写真はデザインの中核を担う重要な要素

03-03 **メディア②動画** ··················· **92**
動きのあるデザインを簡単に作成

03-04 **メディア③オーディオ** ··············· **94**
オーディオは、視覚コンテンツを補完する重要な要素

03-05 **アニメーションで多彩なアクションを加える** ········· **98**
簡単操作でプロ級の画像編集

03-06 **ブランド機能：デザインの一貫性を瞬時に実現** ········ **107**
ビジュアルアイデンティティを確立し、ブランド認知度を高める

03-07 **共有機能** ····················· **116**
チームでのデザイン共同作業が簡単に

Chapter04 便利で楽しいクイックアクション機能 ········ **119**

04-01 **ワンタッチで画像や動画を編集** ············· **120**
数クリックで画像や動画を編集できる

04-02 **画像編集① 背景を削除** ··············· **122**
画像生成AIを使って人物の背景も削除

04-03 画像編集② 画像のサイズを変更 ………………………………………… **125**
画像サイズを自由自在に調整

04-04 画像編集③ ファイル形式の変換 …………………………………… **127**
画像形式を自由自在に変換

04-05 画像編集④ 簡単トリミング ……………………………………… **129**
ハンドルで調整するだけ

04-06 動画編集① 動画をトリミング …………………………………… **130**
動画の不要な部分をカットして、伝えたい瞬間を共有

04-07 動画編集② 動画のサイズを変更 ………………………………… **132**
SNSのフォームに合わせた動画のサイズにする

04-08 動画編集③ GIF に変換 …………………………………………… **134**
自動再生やループ再生ができるアクティブなGIF形式に変換可能

04-09 動画編集④ MP4 に変換 ………………………………………… **138**
互換性が高いMP4変換でスマホ・タブレット・PC、ストリーミングなどに

04-10 動画編集⑤ 動画を結合 …………………………………………… **141**
複数の動画をシームレスに結合

04-11 動画編集⑥ キャラクターアニメーションを作成 ………… **144**
喋るキャラクターを簡単に作成してSNSで共有

04-12 QRコード生成 ……………………………………………………… **149**
QRコードで情報共有をもっと簡単に

04-13 字幕を自動生成 …………………………………………………… **154**
動画字幕をAIが自動作成

04-14 本格的なロゴを自動で作成できる「ロゴメーカー」 ……… **157**
AIで簡単にロゴ作成

04-15 **写真を組み合わせて簡単にコラージュを作成する** ……… **160**
レイアウトは自動配置、写真サイズ調整や位置変更も簡単

04-16 **多様なファイル形式をPDFに変換する** ………………… **164**
簡単操作でPDF変換

04-17 **PDFを編集する** ………………………………………… **166**
閲覧専用のPDFファイルを簡単に編集

04-18 **PDFから他形式へ変換する** …………………………… **168**
PDFをWord、Excel、PowerPoint、PNG、JPGなどの形式に簡単変換

04-19 **異なる種類のファイルを結合して一つのPDFにする** …… **170**
クイックアクションでファイルを簡単に結合

Chapter05　生成AI機能 ……………………………………… **171**

05-01 **Adobe Expressの手軽なAI機能** ………………………… **172**
初心者も安心のAI画像生成

05-02 **オブジェクトの挿入と削除** ……………………………… **179**
自然な形で画像に新しい要素を追加したり消したりできる

05-03 **AIで画像を自然に生成拡張** ……………………………… **183**
横長画像を縦長へ、SNS投稿にも嬉しい機能

05-04 **自動でテンプレートを生成** ……………………………… **185**
AIがデザインテンプレートを自動生成

05-05 **AIでテキストに効果を追加** ……………………………… **187**
生成AIでユニークなテキストをデザイン

Chapter06　魅力的なコンテンツを作ってみよう ………………… **189**

06-01 **ターゲティングで効果を上げるデザインにする** ………… **190**
デザインには"目的"があり効果が求められる

06-02　効果的なチラシを作る ……………………………………… 194
　　　　ペルソナを設定してチラシを作成

06-03　AI翻訳機能でインバウンド対応のメニューにする ……… 200
　　　　多言語メニュー作成を簡単に

06-04　SNS投稿：バズるミーム動画 ………………………………… 203
　　　　SNSで注目を集める動画を簡単作成

06-05　ドラマチックなウェルカムボードを作る ………………… 207
　　　　写真加工とAIをうまく使おう

Chapter07　Adobe Expressをもっと活用しよう …………………… 213

07-01　Adobe Express をもっと活用しよう ………………… 214
　　　　デザインだけでは終わらない

07-02　SNSアカウントと連携する ………………………………… 216
　　　　主要SNSと連携して投稿を効率化

07-03　予約投稿の便利な使い方 …………………………………… 222
　　　　予約投稿でSNS運用を効率化

07-04　SNSを予約投稿する …………………………………………… 223
　　　　簡単にスケジュール管理できる

07-05　Web サイトを作成する………………………………………… 229
　　　　初心者でも簡単に魅力的なサイトを作成

07-06　プレゼン資料を簡単作成 …………………………………… 234
　　　　魅力的なプレゼンはデザインが大事

07-07　スマートフォンアプリでデザインをもっと手軽に ……… 239
　　　　いつでもどこでもスマートフォンでデザイン

11

Chapter08 画像生成AI Adobe Fireflyを使ってみよう ················ **247**

08-01 **Adobe Fireflyとは**·· **248**
AI（人工頭脳）で創る新時代のクリエイティブ

08-02 **Adobe Fireflyは安心して使えるAI** ····················· **251**
AIの生成物による著作権侵害

08-03 **Adobe FireflyのWebアプリを使い始める** ············· **255**
インストール不要で使えるWeb版Firefly

08-04 **Firefly Webアプリの画面**································· **256**
文章で簡単にイメージを画像化

08-05 **テキストから画像を生成する** ····························· **258**
プロンプトはAIに魔法をかける言葉

08-06 **「構成参照」と「スタイル参照」**·························· **269**
お手本画像で、理想の構図を簡単に実現

08-07 **思い通りの画像を生成するためのコツ** ···················· **278**
「構成参照」×「スタイル参照」の組み合わせでプロのイラストレーター

08-08 **似顔絵を作成する** ·· **281**
無料で商用利用もOK。写真からAIがプロ級の似顔絵を自動生成

08-09 **生成画像の編集機能とは** ································· **284**
Photoshopなしでも自在な画像加工が可能

08-10 **生成塗りつぶし機能　①生成拡張**·························· **286**
画像の縦横比や構図を自由に拡張

08-11 **生成塗りつぶし機能　②挿入** ····························· **287**
新たな要素を簡単に画像に追加

08-12 **生成塗りつぶし機能　③背景を変える** ···················· **289**
簡単操作で背景を自在に変更

08-13 **生成塗りつぶし機能 ④削除** ⋯⋯⋯⋯⋯⋯⋯⋯⋯⋯⋯⋯⋯ **290**
不要な要素を簡単に取り除く

08-14 **生成画像の編集 ①類似の項目を生成** ⋯⋯⋯⋯⋯⋯⋯⋯ **291**
AIで画像バリエーションを簡単に生成

08-15 **生成画像の編集 ②参照画像を活用する** ⋯⋯⋯⋯⋯⋯ **292**
画像の構成とスタイルをコントロール

08-16 **生成画像の編集 ③Adobe Expressでの使用** ⋯⋯⋯ **293**
FireflyのAI画像をExpressでさらに活用

Chapter09 カメラ撮影のようなカラー・構図を設定しよう ⋯⋯⋯⋯ 295

09-01 **効果機能でビジュアルを進化** ⋯⋯⋯⋯⋯⋯⋯⋯⋯⋯⋯⋯⋯ **296**
Fireflyの「効果」で理想のビジュアルに

09-02 **効果機能：アートスタイル画面の見方** ⋯⋯⋯⋯⋯⋯⋯ **298**
アートスタイルでプロンプトを補完

09-03 **カラーとトーン調整** ⋯⋯⋯⋯⋯⋯⋯⋯⋯⋯⋯⋯⋯⋯⋯⋯ **299**
画像生成AIを活用し、カラーやトーンを調整する

09-04 **ライティング効果** ⋯⋯⋯⋯⋯⋯⋯⋯⋯⋯⋯⋯⋯⋯⋯⋯⋯ **302**
AIで光を操り、作品をより魅力的に

09-05 **カメラアングルの効果** ⋯⋯⋯⋯⋯⋯⋯⋯⋯⋯⋯⋯⋯⋯ **305**
視点で表現を変えるAIアングル

Chapter10 生成AIのプロンプト ⋯⋯⋯⋯⋯⋯⋯⋯⋯⋯⋯⋯⋯ 309

10-01 **生成AIのプロンプトとは** ⋯⋯⋯⋯⋯⋯⋯⋯⋯⋯⋯⋯⋯ **310**
あなたとAIを結ぶ会話がプロンプト

10-02 **プロンプトの基本** ⋯⋯⋯⋯⋯⋯⋯⋯⋯⋯⋯⋯⋯⋯⋯⋯ **311**
効果的なプロンプト作成のポイント

13

| 10-03 | プロンプトの公式 | 313 |

プロンプトで画像生成を思い通りに

| 10-04 | アニメ風画像のプロンプト | 318 |

日本が誇るアニメ文化を画像生成

Chapter11　Adobe Creative Cloud　327

| 11-01 | 無料で使えるAdobeのデザインツール
Creative Cloud | 328 |

写真素材、イラスト、ビデオ、フォント、カラーパネル、他にもたくさん

| 11-02 | Creative Cloudにアクセスする | 329 |

Adobe Expressのアカウントで簡単スタート

| 11-03 | Creative CloudはAdobeツールのハブ | 331 |

すべてのAdobeツールにアクセスできる

| 11-04 | Adobeアプリから直接保存できる
Creative Cloudストレージとは | 335 |

安全・簡単なファイル保存

Chapter12　Adobe Stock初心者でも安心！素材探しのコツ　339

| 12-01 | 高品質な素材が揃うAdobe Stock | 340 |

素材活用でクリエイティブ向上

| 12-02 | Adobe Stockサイトの構成 | 341 |

直感的で使いやすいインターフェース

| 12-03 | フリー素材の検索方法 | 342 |

無料素材を簡単検索

| 12-04 | Adobe Fontsフォントでデザインをもっと魅力的に | 344 |

多彩なフォントで表現力アップ

Chapter13 配色に困ったらAdobe Colorが解決 ·················· 349

13-01 Adobe Color とは ································· **350**

配色作成のための無料ツール

13-02 Adobe Color の画面構成 ···················· **352**

効率的に色を探索・編集

13-03 カラーホイール ································· **353**

直感的ながら配色ルールに沿ったカラーパレットが作れる

13-04 画像からの色抽出 ······························ **358**

画像から簡単にカラーパレットを作成

13-05 すべての色覚に対応したデザインを目指す ·············· **365**

「多様な色覚対応」ツール

13-06 最新のデザインカラーを活用する ······················· **367**

Adobe Colorのカラートレンド機能

13-07 Adobe Express で Adobe Color を使う
①色の抽出 ··· **369**

Adobe Colorで配色、Adobe Expressでデザイン

13-08 Adobe Express で Adobe Color を使う
②ライブラリ ·· **372**

ライブラリ機能でカラーパレットを活用する

13-09 Adobe Express で Adobe Color を使う
③カラーコード ·· **376**

コピー&ペーストで無料プランでも Adobe Color と連携できる

Adobe Express / Firefly で作成したデザイン例 ·············· 379
用語索引··· 382

補足情報・最新情報について

「Design EX（デザイン・エクス）」（著者のサイトおよびYouTubeチャンネル）では、本書で説明しきれなかったAdobe ExpressやAdobe Fireflyの使い方や補足情報、活用術、プロンプトのサンプルなどを公開しています。

また、Adobe ExpressやFireflyの最新情報についても、随時アップデートしています。

ぜひ、ご覧ください。

●ホームページ（ https://designex.pro/ ）

●YouTubeチャンネル（ https://www.youtube.com/@RetroLeaguBC ）

Chapter

01

Adobe Express で広がる
デザインの可能性

デザインは、今や誰もが身近に楽しめるものになりました。年賀状やチラシから、SNS での投稿画像や動画まで、その幅はますます広がっています。

「もっとおしゃれなデザインを作りたい」「手軽にプロっぽい仕上がりにしたい」そんな思いを叶えてくれるのが Adobe Express です。

この章では、Adobe Express を使ってできることを一つひとつご紹介します。デザインに興味がある方も、これから挑戦してみたいと思っている方も、きっと役立つはずです。まずは無料プランで気軽に試してみましょう！

SECTION 01-01 Adobe Expressってどんなデザインツール？

専門知識がなくてもプロのようなデザインができる

Adobe Expressは、誰でも手軽に使える無料のデザインツールです。デザイン知識がなくても、プロのようなビジュアルを簡単に作成できます。ブラウザで操作できるのでインストールも不要で、すぐに始めることができます。

Adobe Expressとは

　Adobe社は、プロのクリエイター向けのアプリ（PhotoshopやIllustrator、動画編集のPremiere Proなど）を提供している、世界最大級の企業です。Adobe Expressには、Adobe社の技術とノウハウがデザイン初心者・未経験者向けに活かされているため、信頼性の高いツールとなっています。

　インストールは不要で、インターネット環境があればすぐに始められます。チラシやポスター、SNS投稿用の画像や動画、ロゴなど、多様なビジュアルコンテンツを直感的に作成することが可能です。従来のデザインツールは複雑で初心者には難しいと感じることがあるかもしれませんが、Adobe Expressはシンプルで使いやすい設計となっており、デザイン初心者にも最適です。特に、SNSでの発信をより魅力的にしたい方にぴったりのツールです。

　さらに、豊富なテンプレートやクリエイティブな素材が揃っています。また、Adobe Firefly（※本書では「Firefly」と表記する場合があります）の画像生成AIを搭載しており、テキストから瞬時に優れたビジュアルを生成できるため、アイデアをすぐに形にすることが可能です。

▲Adobe Expressのトップページ　https://new.express.adobe.com/

Adobe Expressの使用例

●チラシ、SNS投稿画像、動画

イベントのチラシ、名刺、SNS投稿に最適な画像やショート動画など、様々なビジュアルコンテンツを簡単に作成できます。

▲チラシやポスター

▲InstagramやTikTokのショート動画

▲SNS用の投稿画像

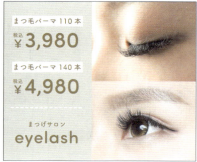
▲バナー

⚠ Check

インターネット上で使える

アカウント作成後、すぐにデザインを始められます。Adobe Expressは、Google ChromeやSafari、Microsoft Edgeなどのブラウザで動作するので、インターネット環境さえあれば、どこからでもアクセスできます。ソフトをインストールする必要がなく、ログインするだけで使える手軽さが魅力です。

●ロゴ作成

　ブランドを表すロゴも、Adobe Express のテンプレートをカスタマイズすればあっという間に作成できます。画像生成AIでオリジナルロゴの作成も可能です。

▲豊富なロゴのテンプレート

●動画

　短い広告動画やSNS用の動画も豊富でおしゃれなテンプレートが用意されているので簡単に作成できます。

▲Youtubeなどの横型動画テンプレート

▲Instagramのリール・ストーリーズ、TikTokなどの縦型動画テンプレート

デザイン未経験でもビジネスに活用できる

　Adobe Expressは、直感的に操作できるシンプルな画面と豊富なテンプレートを備えています。そのため、初心者でもプロ並みのデザインを簡単に作成できます。また、Adobe Fireflyの画像生成AIを搭載しており、テキストから優れたビジュアルを瞬時に生成できるため、さらにクリエイティブなデザインをサポートします。

　デザイン未経験の個人事業主やスタートアップ、インフルエンサー、SNS発信者など、デザインの専門知識がなくても大丈夫です。

▲名刺のテンプレート

▲メニューのテンプレート　　▲プレゼンテーション資料のテンプレート

●保育園、学校、福祉施設など

　学校や保育園・幼稚園、福祉施設のイベントでオリジナルのデザインを作ったり、SNSで写真や動画を発信したりするのにも役立ちます。これにより、クリエイティブな活動がもっと身近に、そして楽しくなります。

▲福祉施設のSNS投稿（求人募集）

▲幼稚園のおたより

●プライベートでも

　Adobe Expressは、ビジネスシーンだけでなく、プライベートでも楽しく使えます。例えば、年賀状やクリスマスカード、ハロウィンのデコレーションを作ったり、家族や友人とのイベントの招待状をデザインしたりすることで、あなたのイメージをカタチにすることができます。

　このツールは、驚くほど簡単でワクワクする体験を提供してくれます。Adobe Express を使えば、生活がもっと楽しくなるでしょう。思い出に残る素敵なデザインを作りましょう。

▲カレンダーのテンプレート　▲クリスマスカードのテンプレート　▲年賀状のテンプレート

●画像生成AI「Adobe Firefly」を搭載

「Adobe Firefly」の画像生成AIを搭載しており、テキストから優れたビジュアルを瞬時に生成できるため、さらにクリエイティブなデザインをサポートします。

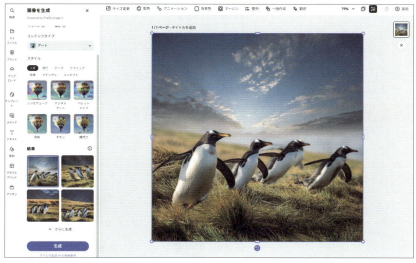

▲プロンプト（指示文）「草原を疾走するペンギン」

インストール不要ですぐに使える

専門知識がなくてもプロのようなデザインができる

Adobe Expressは、インストール不要で、Webブラウザ上ですぐに使えます。アカウントの作成もとても簡単で、GoogleアカウントやLINEアカウント、Apple ID、Facebookアカウント、Microsoftアカウント、またはメールアドレスで登録するだけです。

アカウントを作成してログインする

1 Adobe ExpressのWebサイト（https://www.adobe.com/jp/express/）にアクセスし、「ログイン」をクリック。

2 アカウントを作成する。「初めてご利用の方はアカウントを作成してください。」をクリック。

> ⚠️ **Check**
>
> **メールアドレス以外での登録**
> Google、LINE、Apple ID、Facebook、Microsoft アカウントで登録する場合は、それぞれをクリックします。

3 メールアドレスと任意のパスワード（8文字以上、アルファベット小文字・大文字または記号を含む）を入力し、「続行」をクリック。

4 氏名、生年月日を入力し、「アカウントを作成」をクリック。

5 いくつかのアンケートに答えるとポータルサイトに移動する。

6 アカウントが作成され、Adobe Express が起動する。画面左側のツールバー上部にある「＋」をクリック。

7 新規作成画面が表示されるので、何を作成するか選択する。

8 編集フィールドが開く。

SECTION 01-03 豊富なフリー素材とテンプレートを活用しよう

プロが提供する高品質の素材を利用できる

Adobe Expressは、プロがデザインした豊富なテンプレートとAdobe Stockの素材を活用し、初心者でも簡単に高品質なビジュアルを作成することができます。写真・イラスト・動画・オーディオがカテゴリー別に整理されているため、効率的にデザインに利用できます。

Adobe Stockとは

「Adobe Stock」は、Adobeが運営する高品質なロイヤリティフリー素材サービスです。

Adobe Expressユーザーは、Adobe Stockのサイトに移動することなくAdobe Express内でAdobe Stockの、写真、ビデオ、イラスト、ベクター、3D、テンプレート、オーディオ素材を利用することができます。

素材に王冠マークが付いているものは、プレミアムプランのユーザーのみが利用できます。

▲写真、イラスト

▲ビデオ、アニメーション

▲音楽・効果音

SECTION 01-04 プロも驚き！クイックアクション

複雑で面倒だった作業がワンクリックで解決

Adobe Expressのトップページには多数のクイックアクション機能が準備されています。一瞬で背景を消す、画像や動画のサイズを変更する、画像を生成するAI機能など、今までプロが手間をかけていた複雑な作業をいとも簡単に行ってくれます。

クイックアクションでできること

●背景削除

人物や商品など、特定の被写体を切り抜きたいときにとても便利です。

●画像のサイズ変更

画像ファイルをドラッグ＆ドロップするだけで、画像のサイズを変更できます。対応ファイルはJPG、PNG、WEBP、SNS用の対応サイズがプリセットされています。

●QRコード生成

URLを入力するとQRコードが生成されます。スタイルやカラー、ファイル形式（PNG、JPG、SVG）を選択できます。

●オブジェクトを削除

画像内の不要な物をAIの機能を使って簡単に消すことができます。

●PDFを編集

PDF文書内のテキスト編集や、画像の編集が可能です。

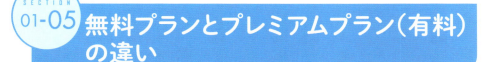

無料プランとプレミアムプラン（有料）の違い

無料でも充実機能、プレミアムプランなら無制限に使える

Adobe Expressには無料プランと有料のプレミアムプランがあり、それぞれに異なる特徴があります。生成AI機能に関する違いを含め、両者の違いを分かりやすくまとめました。

無料プランとプレミアムプランの主な特徴

無料プラン：
- まずはデザインを始めてみたい個人ユーザーにおすすめ。生成クレジットと素材を制限付きで利用できる。
- 基本的な編集ツールと多くの無料素材を利用可能。

プレミアムプラン：
- 1,180円／月（税込）。年間プランなら月々プランより15％お得。
- 豊富なプレミアムテンプレートや素材を利用できる、個人ユーザー向けのプラン。さらに多くの生成クレジット、便利な機能を利用できる。
- 無料プランの全機能に加えて、プレミアムプランのみで使える機能がある（以下表）。
- 使える素材の数やクレジット数、ストレージの容量が無料プランより多い。

●主な機能

	無料プラン	プレミアムプラン
生成AI	毎月25の生成クレジットを画像、テンプレートなどの生成に利用可能	毎月250の生成クレジットを画像、テンプレートなどの生成に利用可能
テンプレート	10万点以上の画像・動画用テンプレートを利用可能	画像・動画用のプレミアムテンプレートをすべて利用可能
アセット	Adobe Stockのロイヤリティフリー素材（写真、動画、ミュージック、デザイン要素）100万点以上の限定コレクション	Adobe Stockの2億点以上ものロイヤリティフリー素材（写真、動画、ミュージック、デザイン要素）
フォント	Adobeが提供する1,000種類以上のカスタムフォントへのアクセス	Adobeが提供する25,000種類以上のカスタムフォントへのアクセス

編集ツール	写真、動画、ドキュメントを編集	無料プランの機能に加えて、動画の背景削除ツール、高度なアニメーションツールなども利用可能
投稿予約	一つの SNS プラットフォームにつき、1 アカウントへの投稿を予約設定	一つの SNS プラットフォームにつき、3 アカウントへの投稿を予約設定
バージョン履歴	10 日	30 日
ストレージ	5GB	100GB
デバイス	デスクトップブラウザ、スマートフォンで動作	デスクトップブラウザ、スマートフォンで動作
ワンクリックでのサイズ変更	無し	複数のチャネル向けにアセットのサイズを自動的に変更
ブランド管理	無し	ブランドキットでコンテンツ全体の一貫性を維持

生成AIのクレジットについて

　無料版では、Adobe Fireflyの生成AI機能を試すことができる限られた数の生成クレジットが毎月付与されます。この生成クレジットを使って、テキストから画像を生成したり、クリエイティブなテンプレートを活用することが可能です。

　生成クレジットは基本1回の生成で1クレジットを消費し、毎月25クレジットが提供され、画像生成やテンプレート生成に活用できます。

　プレミアムプランにアップグレードすることで、さらに多くの生成クレジットを利用できます。プレミアムプランの生成クレジットは、毎月250クレジットが付与され、より多くの画像やテンプレートの生成が可能です。なお、動画生成AIのクレジットは別途契約が必要です。

商用利用について

　無料版で作成したコンテンツには商用利用の制限があり、個人利用や趣味でのデザインに適しています。

　プレミアムプランで作成したコンテンツは商用利用が可能で、ビジネス用途やプロモーション素材として使用することができます。

Adobe Express の最新情報を入手する

次々に追加される新しい機能をチェックしよう。特にAI機能には注目

Adobe Expressは常に新しい機能が追加され、どんどん使いやすくなっています。この一年では特に生成AIの機能の多くが搭載された他、有料のプレミアプランでしか使えなかった機能が無料プランでも使えるようになるなど、Adobe Expressのデザインはより身近に進化を続けています。ここでは2024年10月以降にアップデートされた新機能をご紹介します。

主な新機能

● テキストの検索と置換

ドキュメント全体でテキストを簡単に検索・置換できます。

● 翻訳機能

46の言語に対応し、フォーマル・インフォーマルなトーンを選んで翻訳できます。

●デザインの一括作成

最大99種類のデザインバリエーションを一度に作成して効率化できます。

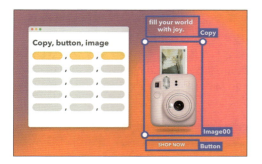

●画像の拡張とサイズ変更

ソーシャルメディア用に最適なサイズに自動で画像を拡張できます。

●テキストを書き換え（AI）

書き換え機能を使用すると、クリックひとつでテキストの文章の言い換えができるようになりました。短縮したり、トーンの変更を行うことができます。

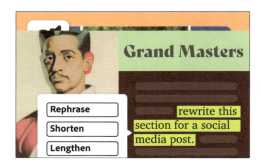

●Lightroom の写真と連携

写真編集・管理ソフトのLightroom の写真を Adobe Express デザインに簡単に追加できます。

●InDesign ファイルを変換

DTPソフトのInDesignファイルを編集可能なAdobe Expressファイルに変換できます。

●グラフィックを再配色

ページ、画像、イラストにブランドカラーを適用することで、視覚的な一貫性を短時間で実現できます。

●ワンクリックでデザイン全体にアニメーションを適用

　テキスト、画像、シェイプなど、デザインの様々な部分すべてに素早くアニメーションを適用できます。

●Adobe Express Slack 版リリース

　Adobe Express Slack 版を使用して、Slack 上で Adobe Express の機能を利用できます。シームレスに共同作業を行い、画像を生成して、テンプレートにアクセスできます。

 Hint

Adobe Express の最新情報

　最新情報は Adobe Express の新機能サイトで確認できます。

https://helpx.adobe.com/jp/express/whats-new/new-features/whats-new.html

Chapter

02

基本操作をマスターしよう

Adobe Expressは、初心者でも簡単にデザインを楽しめるツールです。この章では、基本画面の構成や操作方法について解説します。初めて触れる方でも迷うことなく直感的に使える設計になっているため、安心して始められます。

どんなデザインを作りたいのか目的が決まれば、スムーズに作業を進められるのがAdobe Expressの魅力。シンプルな画面で操作を覚え、テンプレートや豊富な機能を活用しながら、自分だけのデザインを形にしていきましょう。

SECTION 02-01 基本画面を覚えよう

目的がはっきりしていれば簡単に進める画面構成

Adobe Expressはあらゆるコンテンツが一つのアプリで完結できるスグレモノです。入り口は複数ありますが、何を作りたいか？どんなことがしたいか？目的があれば、どこから入ってもゴールにたどり着ける画面構成になっています。

Adobe Expressのトップページ構成

❶コンテンツを新規作成
❷トップページに戻る
❸アップロードしたフィルや作成済みのファイル
❹ブランド機能（プレミアムプラン）（03-06参照）
❺テンプレートを参照
❻外部SNSに一括予約投稿する機能
❼チュートリアルやノウハウコンテンツ
❽便利な拡張機能（アドオン）の参照
❾検索
❿フォーラムやコミュニケーションツールへの送信
⓫AdobeのWebアプリサービス
⓬通知
⓭アカウント管理・設定変更
⓮一般的に使用頻度が多い機能
⓯用途別にアクセスできるタブ
⓰アカウントの初期設定に応じたタブ（変更可能）
⓱テンプレートをジャンルごとに並べ替えできるタブ
⓲作成したコンテンツファイル（新しい順）

プロジェクトの新規作成

専門知識がなくてもすぐに始めることができる

デザインを白紙の状態から始めたい場合は、カンバスサイズを選択します。ソーシャルメディア投稿、プレゼンテーション、印刷物など、様々な用途に合わせたサイズが用意されています。

白紙の状態からコンテンツを作成する

1 トップページの「+」ボタンをクリック。

2 カンバスサイズを選択。

3 編集画面に移行する。

⚠ Check

編集画面のツールバーについて

編集画面のツールバーには2つのパターンが存在しており、使用しているプランやブラウザ、OSなどの利用環境によって異なります。

パターンBでは、「追加」項目の中に、メディア、素材、グラフとグリッドの3つのカテゴリーが含まれています。

▲パターンA

▲パターンB

▲メディア

▲素材　　　　　　　▲グラフとグリッド

SECTION 02-03 テンプレートから新規作成

テンプレートでプロ級デザイン

Adobe Expressには、数多くのプロフェッショナルデザインのテンプレートが準備されています。使用目的や好みに合わせて、最適なテンプレートを選択することができます。

テンプレートからコンテンツを作成する

1 トップページの「テンプレートを選択」から目的のカテゴリーを選ぶ。

⚠️ **Check**

すべてのカテゴリーを表示する
右端にある「すべて表示」をクリックして、すべてのカテゴリーを表示できます。

2 目的のコンテンツの「すべて表示」をクリック。

3 好みのテンプレートをクリック。

4 確認のウィンドウが開く。「このテンプレートを使用」をクリック。

5 編集画面に移行する。

基本的な操作方法

SECTION 02-04

直感的な操作で簡単編集

Adobe Expressの基本操作は非常に直感的で、使いやすいインターフェースが特徴です。要素の選択や移動は、マウスを使ってクリックしてドラッグすることで簡単に行えます。また、ツールバーからは、テキスト、画像、図形などの追加が可能です。

直感的なインターフェース

　Adobe Expressはユーザーが簡単に操作できるシンプルなデザインを採用しており、デザインの知識がない初心者でもスムーズに使えます。

ドラッグ&ドロップ機能

　画像やテキストをカンバス上にドラッグ&ドロップすることで、簡単にコンテンツを配置できます。この機能は特に画像のアップロードやレイアウト調整に便利です。

ワンクリックアクション

「クイックアクション」と呼ばれる機能により、画像のサイズ変更や背景削除などの編集作業をワンクリックで実行できます。これにより、複雑な手順を省き、迅速に作業を進めることが可能です。

豊富なテンプレート

10万点以上のテンプレートが用意されており、ユーザーはそれらを基にデザインを簡単にカスタマイズできます。テンプレートはSNS投稿、チラシ、ポスターなど様々な用途に対応しており、選んだテンプレートを基に直感的に編集できます。

▲Instagram投稿

▲チラシ・ポスター

▲SNSショート動画

▲プレゼンテーション資料

42

SECTION 02-05 写真や画像の追加

ハイクオリティな画像素材がすぐに使える

デザインに視覚的な要素を加えるために、写真や画像の追加は非常に重要です。Adobe Expressでは、この作業を簡単に行うことができます。所有している画像をアップロードするだけでなく、連携しているフリー素材「Adobe Stock」をシームレスで使うことができます。

フリー素材から画像を使う

1. メディア内「写真」の「すべて表示」を選択。

2. キーワードを入力して検索。

3. 使いたい素材をクリックするとカンバスに貼り付けされる。

> 📝 **Note**
>
> **Adobe Stock**
>
> 　Adobe Stockは、Adobe社が提供する商用利用可能で高品質なロイヤリティフリーの素材サイトです。写真、ビデオ、イラスト、ベクター、3D素材、テンプレートなどが提供されており、Adobe Expressから直接、簡単に素材を見つけることができます。
>
> 　なお、王冠マークが付いているものはプレミアムプランで利用できます。

アップロードして素材を使う

1 ツールバーの「メディア」から「デバイスからアップロード」を選択。

2 PC内の画像をアップロード。

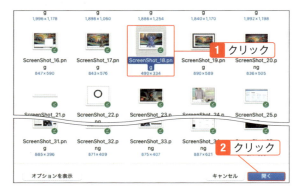

3 カンバスに画像が貼り付けられる。

SECTION 02-06 写真や画像の編集①：サイズを変更する

写真や画像を簡単リサイズ

Adobe Expressを使えば、写真や画像のサイズ変更がとても簡単です。SNS用の投稿、Webページ用の画像、または印刷物向けの素材に最適なサイズにすぐ調整できます。

ハンドルをドラッグしてサイズを変更する

1 編集したい画像をクリックして選択すると、四隅に丸いハンドル、四辺上に白い棒状のハンドルが現れる。

2 角のハンドルをドラッグしながらサイズを調整する。

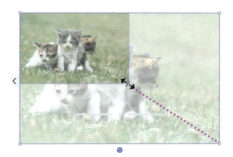

02 基本操作をマスターしよう

45

SECTION 02-07 写真や画像の編集②：
トリミング

必要な部分だけを簡単トリミング

写真や画像を美しくトリミングするための理想的なツールです。余計な背景をカットし、被写体を引き立てることで、印象的なビジュアルを簡単に作成できます。初心者でも、手軽に完成度の高い作品が作れます。

ハンドルをドラッグしてトリミングする

1 画像をクリックして選択すると、四辺上に白い棒状のトリミングハンドルが現れる。

2 トリミングハンドルを上下左右に動かして不要な部分を隠す。

46

切り抜きツールを使用してトリミングする

1. アップロードした画像や素材ツールから選んだ画像を選択し、「切り抜き」をクリック。

2. 希望の形状を選ぶ。

> **Hint**
> **切り抜きツール**
> 切り抜きは、四角以外の形やカスタマイズした形にトリミングすることができます。円形や星形など様々な形状でトリミングすることが可能です。自由形式のボックスやガイドラインも使用することができます。

3. トリミングしたい範囲をハンドルで調整する。

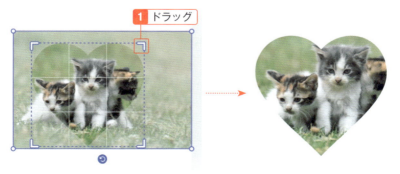

02 基本操作をマスターしよう

47

SECTION 02-08 写真や画像の編集③：フィルターの適用

写真に映えるダブルトーン効果

写真に魅力的な効果を簡単に追加できます。特にダブルトーンは、シンプルな画像を芸術的に変身させ、印象的なデザインを生み出します。初心者でもプロ級の仕上がりを楽しむことができます

フィルターで効果を追加する

1 画像を選択し、画像パネル上部の「効果」をクリック。

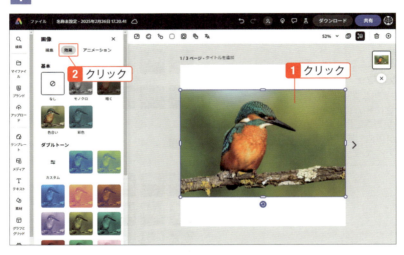

2 「基本」「ダブルトーン」の中から選び色合いを変更する。

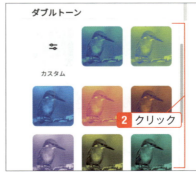

💡 Hint

効果機能の活用

　ダブルトーンやグレースケールなどのフィルターを使うと、画像に深みや独特の雰囲気を加えられます。ピンボケ・ブレ・逆光・色褪せなど写真の質が悪いときに、思い切って単色・ダブルトーンにすることも効果的です。

▲色褪せ・よごれ　　　　▲モノクロ

▲逆光・ピンボケ　　　　▲ダブルトーン

⚠ Check

カンバスのサイズ

　カンバスは数値を入力してサイズを指定できますが、SNSや動画、写真用、チラシ、ポスター、名刺などコンテンツに応じたサイズがプリセットされています。

　白紙で編集を始めても、途中でテンプレートを選ぶこともできます。

SECTION 02-09 写真や画像の編集④：色調補正・ぼかし

写真を彩る色調補正とぼかし

写真の色調補正やぼかし効果を簡単に施せるツールです。明るさやコントラストを調整して自然な仕上がりにし、ぼかしを使って被写体を際立たせることで、印象的な画像を作成できます。

画像の色調を変えたり、ぼかしを追加する

1 画像を選択し、画像パネル上部の「編集」＞「調整」をクリック。

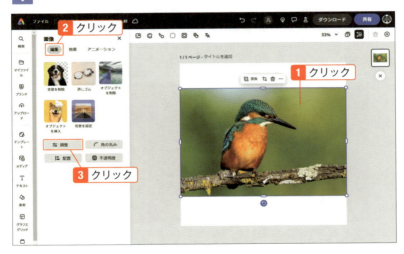

💡Hint

効果機能の活用

　Adobe Expressの色調補正機能を活用すると、写真の明るさ、コントラスト、彩度を簡単に調整して、見栄えをアップさせることができます。撮影時に色合いがうまく出なかった写真も、この機能で細かく修正できます。また、ぼかし効果は、背景をソフトにぼかして被写体を際立たせたり、幻想的な雰囲気を加えるのに最適です。これらのツールは直感的に操作でき、初心者でもプロのような仕上がりを楽しむことができます。

❶**コントラスト**：画像の明るい部分と暗い部分の差を調整。高くすると画像が鮮明になり、低くすると柔らかくなる

❷**明るさ**：画像全体の明るさを調整

❸**ハイライト**：画像の明るい部分の明るさを調整

❹**シャドウ**：画像の暗い部分の明るさを調整

❺**彩度**：画像の色の鮮やかさを調整。高くすると色がより鮮明に、低くすると色が控えめになる

❻**色温度**：画像の色合いを調整する。青寄り（寒色系）や赤寄り（暖色系）に調整することができる

❼**シャープ**：画像の輪郭を鮮明にすることで、全体のディテールを強調する

❽**ぼかし**：画像を柔らかくし、全体的にぼんやりとした印象になる

色調補正のコツ

写真の魅力を引き出す色調補正

色調補正は写真の印象を劇的に変える重要な編集ステップです。Adobe Expressを使って色調補正を行う際には、明るさ、コントラスト、彩度のバランスに気を配ることで、より自然で魅力的な仕上がりを実現できます。

基本は意外と簡単

　色調補正の基本は、写真を自然な雰囲気に整えることです。まず、明るさは適度に調整し、暗い部分が見えすぎず、明るい部分が飛びすぎないようにします。

　次に、コントラストを加えると、被写体がはっきりと浮かび上がり、全体的なメリハリが生まれます。彩度は控えめに使用することで、鮮やかさを持たせつつも不自然さを避けられます。

　Adobe Expressではスライダーを使った細かい調整が可能で、試行錯誤しながら自分好みの色合いを見つけることができます。

　色調補正は、プロのデザイナーでも難しいものです。Adobe Expressではリアルタイムでプレビューを確認できるので、調整しながら、最適な設定を見つけてください。

▲補正なし

● コントラストの調整

　コントラストを上げることで、画像の明暗の差が強調され、より鮮明な印象を与えます。逆にコントラストを下げると、柔らかい印象になります。スライダーを使って微調整し、自分の好みに合わせてください。

▲コントラスト +100

● **明るさの調整**

画像全体の明るさを変更します。明るさを上げると、暗い部分が明るくなり、全体的に明るい印象になります。逆に下げると、暗い部分が強調されます。特にハイライトやシャドウとのバランスを考慮しながら調整することが重要です。

▲明るさ＋50

● **ハイライトとシャドウの調整**

ハイライトは画像内の最も明るい部分を調整し、シャドウは最も暗い部分を調整します。ハイライトを上げると、明るい部分がより際立ち、シャドウを下げると暗い部分が詳細に見えるようになります。この二つのバランスを取ることで、より立体感のある画像に仕上げられます。

▲ハイライト-50
　シャドウ+50

● **彩度の調整**

色の鮮やかさを調整します。彩度を上げることで色がより鮮やかになり、逆に下げると色がくすんだ印象になります。特に人物写真などでは肌色が自然に見えるように注意して調整することが大切です。

▲彩度＋70

● **色温度の調整**

画像全体の色合いを暖かくしたり冷たくしたりする効果があります。暖かいトーン（オレンジ系）にすると親しみやすい印象になり、冷たいトーン（青系）にするとクールで洗練された印象になります。シーンや目的に応じて適切な色温度を選びましょう。

▲色温度-75

不透明度と描画モード

デザインに深みと立体感を与える不透明度と描画モード

Adobeのクリエイティブツールに標準搭載されている不透明度や描画モード。スライダーやワンクリックで、画像をダイナミックに変化させることが可能です。画像編集において非常に重要な要素であり、画像の見た目や質感を大きく変えることができます。

画像の不透明度を調整する

1 画像を選択し、画像パネル上部の「編集」＞「不透明度」をクリック。

2 画像パネルの不透明度のスライダーで調整（数値入力も可）。

💡 Hint

不透明度でデザインに深みと立体感が生まれる

　不透明度を調整することで、レイヤーの透明感をコントロールできます。例えば、不透明度を50％に設定すると、そのレイヤーは半透明になり、下にあるレイヤーや背景が透けて見えます。0％に設定すると完全に透明になります。この機能は、特定の要素を強調したり、背景と調和させたりする際に非常に役立ちます。特に、複数のレイヤーを重ねることで、深みや立体感を演出することが可能です。

描画モードで画像に視覚効果を加える

1 2枚の画像を重ねる。

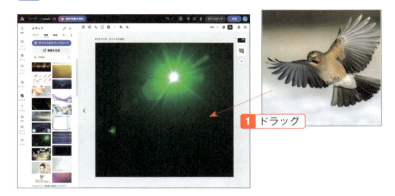

2 上に重ねた画像を選択し、画像パネル上部の「編集」＞「不透明度」をクリック。

3 「乗算」または「スクリーン」を選ぶ。

💡Hint

描画モードは、レイヤーの色の重なりによって異なる視覚効果を生み出す

　描画モードの「乗算」と「スクリーン」は、デザインを際立たせる重要なテクニックです。この二つは、色の重なり方によって異なる効果を生み出し、使い方を変えることでデザインの目的に応じた見せ方ができます。

・乗算
色を重ねることで暗く見せる効果を持つ。重ねた色が暗くなり、深みや陰影が出るため、デザインに立体感を加えることができる。

・スクリーン
「乗算」とは逆で、色を重ねると明るく見えるようにする。重ねることで全体が明るくなり、光が差し込むような効果が得られる。

▲乗算　　　　　　　　　▲スクリーン

画像を反転する

1 上に重ねた画像を選択し、画像パネル上部の「編集」＞「配置」＞「左右に反転」をクリック。

💡Hint

反転の反映結果

▲左右反転

▲上下反転

💡Hint

便利なショートカットキー

	Windows	Mac
●基本操作		
複製と配置	Option + ドラッグ	Alt + ドラッグ
元に戻す（操作の取り消し）	Cmd + Z	Ctrl + Z
やり直し	Cmd + Shift + Z または Cmd + Y	Ctrl + Shift + Z または Ctrl + Y
●移動と変形		
1ピクセル移動	矢印キー	矢印キー
10ピクセル移動	Shift + 矢印キー	Shift + 矢印キー
前面へ	Cmd +]	Ctrl +]
最前面へ	Cmd + Option +]	Ctrl + Alt +]
背面へ	Cmd + [	Ctrl + [
最背面へ	Cmd + Option + [	Ctrl + Alt + [
●選択		
複数選択	Shift + クリック	Shift + クリック
すべて選択	Cmd + A	Ctrl + A
グループ化	Cmd + G	Ctrl + G
グループ解除	Cmd + Shift + G	Ctrl + Shift + G
●画面ズーム・移動		
ウィンドウに合わせる	Cmd + 0	Ctrl + 0
ズームイン・アウト	Cmd（Alt）+ マウスホイール	Ctrl（Alt）+ マウスホイール
画面の移動	スペース + ドラッグ	スペース + ドラッグ
●テキストの書式設定		
太字	Command + B	Ctrl + B
斜体	Command + I	Ctrl + I
下線	Command + U	Ctrl + U

SECTION 02-12
レイヤー構造と特徴

自由度を高めるレイヤー構造

Adobe Expressでは、レイヤーはデザイン要素を重ねて配置するための重要な機能です。これにより、画像やテキストを個別に編集したり、重ね順を変更したりすることが可能です。特に、視覚的な整理が容易になり、複数の要素を効率的に管理できます。

レイヤーとは

　レイヤーとは、デザインや画像編集で使われる「透明なシート」のようなものです。各レイヤーには、テキストや画像などの要素を個別に配置できます。例えば、紙を何枚も重ねている状態を想像すると分かりやすいでしょう。上の紙を動かしたり編集したりしても、下の紙には影響がありません。

　Adobe Expressでは、このレイヤーを使うことで、要素を自由に重ねたり、並べ替えたりできるので、デザイン作業がより簡単になります。他の部分を変更せずに特定の部分だけを調整したいときにも便利です。

グループ化したオブジェクト

レイヤー構造

レイヤースタック

レイヤー構造

レイヤースタックのパネルをクリックすることで、オブジェクトを選択できます。

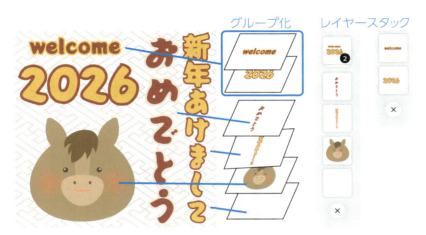

●レイヤースタックの利用

レイヤースタックを使用することで、背景の削除や変更、フィルターの適用などが簡単に行えます。特定のオブジェクトを他の要素の背面に移動させることもでき、デザイン作業がスムーズになります。

●グループ化機能

複数のレイヤーを選択してグループ化（Mac:Command+G、Windows:Ctrl+G）することで、一括で移動やサイズ変更、不透明度設定が可能になります。これにより、大規模なデザイン作業も効率的に行えます。

●視覚的な重なり表示

編集画面では選択したレイヤーの重なり順がレイヤースタックに表示されるため、一目でどの要素が上にあるかを確認できます。これにより、複数の写真やテキストが重なる場合でもスムーズに編集できます。

SECTION 02-13 「編集パネル」とは

デザイン編集をもっと簡単に

Adobe Expressの編集パネルは、デザイン要素の追加や調整を行うための操作エリアです。初心者でも直感的に操作でき、テキストや画像の挿入、フォントやカラーの変更など、様々な編集が可能です。

カスタマイズの基本操作

　テキスト・画像・図形やアイコンなどのパーツをクリックすると、自動的に編集パネルの項目が変化します。Adobe Expressでは選んだパーツに応じてカスタマイズできる項目だけが表示されるので、迷う心配はありません。

　ほとんどのオブジェクトを選択すると編集パネルが表示され、不透明度や色調補正、アニメーションといった一般機能が利用できます。

●**テキスト**

　テキストを選択すると、編集パネルにはフォント専用の機能としてフォントの種類、サイズ、カラー、文字飾りなどが表示されます。

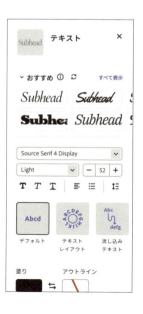

●**画像**

　画像オブジェクトを選択した場合は、背景の削除やオブジェクトの削除・挿入、切り抜きなど、画像編集専用の機能が含まれた編集パネルが表示されます。

●「アイコン」「図形・シェイプ」

アイコンと図形・シェイプは見た目が似ていますが、それぞれに特徴があります。アイコンは塗りの設定しかできないのに対し、図形・シェイプは線の設定も可能です。

▲アイコン　　　　　　　　　　▲図形・シェイプ

●サイズ・位置の調整、回転

角や辺にあるハンドルをドラッグしてサイズを調整したり、クリック＆ドラッグで位置を移動させたりできます。

また、図形の上部または下部にある回転ハンドルを使用して回転させることができます。

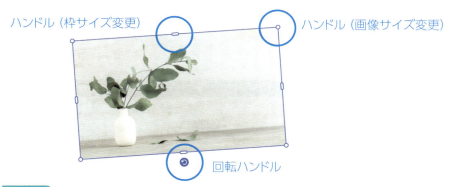

> **💡 Hint**
> **その他の操作**
> 「カラーオプション」で色を変更できます。また、スライダーを使って透明度を調整できます。

SECTION 02-14 テキストの入力と編集

フォントもデザインと考えよう

テキスト入力は非常に簡単で、直感的に操作できます。カスタマイズ機能も充実しており、テキストのスタイルを豊富に変更することが可能です。フォントの選択肢も多彩で、Adobe Fontsからも利用できるため、デザインに合ったフォントを選びやすく、イメージを効果的に表現できます。

デザインにテキストを追加する

1. 左のメニューから「テキスト」をクリックし、パネルから「テキストを追加」をクリックすると、新しいテキストボックスが表示されるのでクリック。

2. テキストボックスに内容を入力。

3 位置を動かしたり、ハンドルで大きさを調整する。

4 プルダウンメニューからフォントを選ぶ。

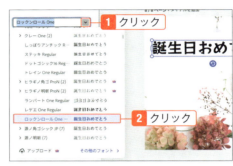

⚠ Check

フォントのサイズ調整

　四隅の丸いハンドルで直感的にサイズを変更します。他にも編集パネルでフォントサイズの数値を直接入力したり、プルダウン、「＋」「－」で調整することができます。

5 テキストボックスが選択状態のときに現れるアイコンで、テキストの角度を調整。

6 「塗り」または「アウトライン」をクリック。

7 カラーパレットから選択して色をつける。

> ⚠ **Check**
>
> **色の入れ替え**
> ⇄ボタンで塗りとアウトラインのカラーをワンクリックで入れ替えできます。この操作は図形でも可能です。

文字飾り、配置、箇条書き、文字・行間を設定する

1 62ページ手順2の画面で、左から「太字」「斜体」「下線」のいずれかをクリック。

💡 Hint

文字飾りの種類

標準	画像アップロードの手順
太字	**画像アップロードの手順**
アンダーライン	画像アップロードの手順

▲和文フォント

Image upload procedure.	標準
Image upload procedure.	斜体

▲欧文フォント

⚠ Check

フォントによって文字飾りは使えない

斜体は和文フォントには使えません。欧文フォントにも文字飾りが使えない場合があります。

Adobe Expressには豊富なフォントが搭載されているので、文字飾りにはあまり頼らず、標準のまま使うのがおすすめです。

📓 Note

和文フォントと欧文フォント

「和文フォント」は、日本語のひらがな、カタカナ、漢字、及び記号を表示するために設計されたフォントです。

「欧文フォント」は、英語などのアルファベットをはじめ、欧米で使用される文字を表示するために設計されたフォントです。

フォントについては、SECTION12-04で詳しく解説しています。

トレイン One Regular	和文フォント
＞ ヒラギノ角ゴ ProN (2)	和文フォント
＞ ヒラギノ明朝 ProN (2)	和文フォント
ランバート One Regular	和文フォント
レゲエ One Regular	和文フォント
ロックンロール One R…	和文フォント
＞ 源ノ角ゴシック JP (7)	和文フォント

▲和文フォント

Jumble Regular	**Latin Font**
Juniper Std Medium	LATIN FONT
Kanit (18)	Latin Font
Kaushan Script Regular	*Latin Font*
Kewl Script Regular	*Latin Font*
Komu (2)	LATIN FONT
KonTikiJF Aloha	**LATIN FONT**
Lato (18)	Latin Font
Le Havre (10)	Latin Font

▲欧文フォント

02

基本操作をマスターしよう

2 文字揃えアイコンをクリックするたびに、「左揃え」「中央揃え」「右揃え」「均等配置する」に切り替わる。

3 クリックして「箇条書き」「番号付きリスト」を設定できる。

💡Hint
「箇条書き」と「番号付きリスト」

- 画像アップロードの手順
- 基本的な編集ツール
- 高度な編集機能
- 編集した画像の保存
- トラブルシューティングについて

1. 画像アップロードの手順
2. 基本的な編集ツール
3. 高度な編集機能
4. 編集した画像の保存
5. トラブルシューティングについて

▲箇条書き　　　　　　　　　　▲番号付きリスト

文字間隔・行間・段落間隔を調整する

1 前の操作の続き。文字間隔アイコンをクリック。

2 メニューウィンドウが表示される。

66

3 文字間隔をスライダーか数値入力で調整する。

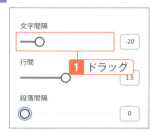 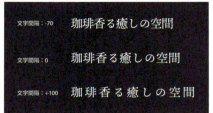

4 行間をスライダーか数値入力で調整する。

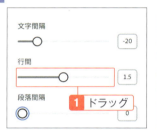 

5 段落間隔をスライダーか数値入力で調整する。

📄 Note

段落

　ここでの段落は、改行ごとに分けた文章のひと区切りです。段落ごとに文章の間隔が開く便利な機能です。

💡 Hint

文字の体裁を整える

　テキストボックスごとにサイズや長さが不均一だと、デザイン全体のバランスが崩れてしまいます。この機能を活用すれば、文字・行単位で調整でき、すっきりとした美しいレイアウトに仕上げることができます。

💡Hint

フォントでデザインしよう
　フォント選びは、デザインの印象を大きく左右します。以下に、フォント選びのポイントとおすすめのフォントについてご紹介します。

・デザインイメージに合わせたフォント選び
　フォントはデザイン全体の印象を決定づける重要な要素です。例えば、ポップなデザインには、動きのある骨格や独特の線処理が施されたフォントが適しています。

・日本語と欧文フォントの組み合わせ
　日本語書体と欧文書体を組み合わせることで、デザインの見栄えが良くなります。特に、明朝体とセリフ体、ゴシック体とサンセリフ体のように、形が似ているフォントを選ぶと統一感が出ます。

・視認性と可読性
　長文には、適度な細さの明朝体やゴシック体が適しています。誤読しやすいフォントは避け、一般的なフォントを選ぶことも重要です。

・Adobe Fontsからの選択肢
　Adobe Fontsでは、無料プランで6,000以上、有料のプレミアムプランでは15,000以上の多様なフォントが利用可能です。デザインイメージに合ったフォントを簡単に見つけられ、例えば伸びやかな明朝体や細めのゴシック体はおしゃれなデザインに最適です（フォント名の後ろに冠が付いているのが有料のプレミアムプラン）。

・商用利用の柔軟性
　Adobe Expressで作成したデザインは商用利用が可能で、自分の作品を幅広く展開できる点も大きな利点です。

図形やアイコンの追加

視覚で訴える図形やアイコン素材

図形やアイコンを追加することで、デザインに視覚的な魅力を加え、情報をより分かりやすく伝えることができます。Adobe Expressを使えば簡単です。図形やアイコンの機能を活用することで、テキストだけでは表現しきれない情報や雰囲気も、デザインに取り入れることが可能です。

アイコンを追加・編集する

1. メニューバーから「素材」を開き、「アイコン」を選択。

2. 検索窓にキーワードを入れる、もしくは下段のカテゴリーから探してアイコンをクリックすると、自動的にカンバス上に追加される。

⚠️ **Check**

アイコンのカテゴリー
植物、自然、動物と生き物、食べ物、スポーツ、旅行と交通、テクノロジーなどがあります。

3. 選んだアイコンは、位置・大きさ・カラーが変えられる。カラーの変更方法はテキストと同じ（SECTION02-14）。

図形を追加・編集する

1. メニューバーから「素材」を開き、図形を選択。

2. 配置した画像はサイズ・カラー・アウトラインなどが設定できる。

📔 **Note**

図形の探し方
　円、長方形、星型、花、フレーム、幾何学的、ハート型、線と矢印、吹き出し、三角形などに分けられています。
　キーワード検索を使用して、特定のアイコンや図形を素早く見つけることもできます。

SECTION 02-16 デザイン素材の追加

メインビジュアルを引き立てるデザイン素材

「素材」メニューには「デザイン素材」という項目があり、ブラシやフレーム、イラスト、テクスチャなどのシンプルで使いやすい素材が揃っています。

Adobe Expressのデザイン素材とは

　Adobe Expressには、メディア項目の中に「画像」があり、素材の中に「デザイン素材」があります。デザイン素材と画像（メディア）の違いは分かりにくい場合があります。どちらも視覚的な要素なので、混同してしまうのも無理はありません。

　デザイン素材とは、イラスト、アイコン、図形、ライン、パターンなど、デザインに様々な効果を加えるために使われる要素です。例えば、デザインにアクセントを加えたり、視覚的な効果を高めたり、情報を整理したり、特定の雰囲気を表現したりするために利用されます。

表情豊かな子どものメイン写真と、色付きのキャッチフレーズは目を引くが、動きが感じられず、楽しさが十分に伝わらない。

デザイン素材で、吹き出しと楽しいカラフルなイラストを追加する。

デザイン素材に合わせてキャッチフレーズを斜めに配置し、メインの子どもの写真は表情が際立つよう丸くトリミングすることで、楽しさやワクワク感をイメージできるポスターに仕上がった。

デザイン素材を挿入する

1 メニューの「素材」をクリック。

2 上部タブの「デザイン素材」をクリック。

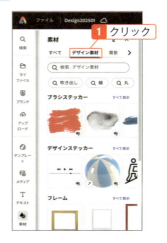

デザイン素材のカテゴリー

　デザイン素材は「メディア」メニューの素材とは異なり、メインの画像やテキストを引き立てる補助的な役割を持つものです。また、用途に応じてジャンルごとに分類されています。

●ブラシステッカー

●デザインステッカー

▲メディアメニュー内の画像と違い、ほとんどが切り抜き素材

● フレーム

> 💡 Hint
>
> **オーバーレイの効果**
>
> オーバーレイを使うと、元の画像の上に別の画像やテクスチャ、色合いなどを半透明で重ねることができます。写真やデザインの雰囲気を変えたり、立体感を出したりするために活用してください。

● イラスト

▲フラットなものから、線画、写実的なイラストが揃っている

● オーバーレイ

▲画像やデザインの上に重ねて表示するエフェクトやレイヤー

● テクスチャ

▲物体やデザインの「質感」や「手触り」を視覚的に表現するための要素

● グラフィックグループ

▲デザイン素材内のパーツを組み合わせて作成したデザインアセット。そのまま利用することも、写真やイラストを差し替えてアレンジすることも可能

02 基本操作をマスターしよう

📝 **Note**

印刷業者への入稿に必要な「トンボ」と「断ち落とし」

「トンボ」と「断ち落とし」の設定を適用することで、印刷業者に入稿できる適切な形式の PDF を作成できます。

PDF 形式でダウンロードする際に、トンボと裁ち落としのオプションを設定できます。

トンボは、印刷物の仕上がりサイズを示すマークです。印刷後、紙を裁断する際に、このトンボマークを基準線として使用します。トンボマークがあることで、正確な位置で裁断することができ、デザインがずれたり、余白が不均一になったりするのを防ぎます。

断ち落としは、デザインの背景や画像を仕上がりサイズよりも外側に拡張して塗り足しする設定です。裁断する際に、紙の位置がわずかにずれても、白い縁が出ないようにするための工夫です。断ち落としがないと、裁断のズレによって白い縁が見えてしまい、仕上がりが不完全な印象になってしまいます。

SECTION 02-17 背景の設定

背景画像を変えて魅力的なデザインに

Adobe Expressでは、背景色の変更や背景画像の追加が簡単に行えます。単色の背景から複雑なグラデーションや画像背景まで、デザインの目的に合わせて最適な背景を設定することが可能です。背景の適切な選択と調整により、プロフェッショナルで魅力的なデザインを簡単に作成できます。

背景色を設定する

1 上部のメニューバーの「背景」をクリック。

2 カラーパレットから好みの色を選択。

02 基本操作をマスターしよう

75

カスタムカラーを使用したい場合

　カスタムカラーを使用したい場合は、カラーピッカーを使用するか、16進数カラーコードを直接入力します。

画像を背景にする

1 ツールバーの「メディア」＞「写真」から背景にしたい画像を選ぶ。

2 画像を選んだ状態で右クリックし、現れたサブメニューから「最背面へ」を選択する。

> 💡**Hint**
>
> **ドラッグして移動する**
> レイヤーパネルをドラッグしても、最背面に移動することができます。
>
>

3 最背面に移動した画像の大きさと場所を整える。

4 テキスト・その他のオブジェクトを見やすく編集する。

カラー編集

色の編集は作品の印象を大きく左右する重要な要素

適切な色使いは、メッセージの伝達力が向上し、視聴者の感情にも訴えかけることができます。Adobe Expressでは、単に個別の要素の色を変更するだけでなく、プロジェクト全体の雰囲気を一新することも可能です。AIを活用した配色提案や、ブランドに合わせたカラーパレットの作成など、様々なアプローチで色彩豊かなデザインを実現できます。

スウォッチを使ってカラーを編集する

1 編集したいオブジェクトを選択し、表示された「塗り」をクリック。

2 黒・白・塗りつぶしなしの基本3色、おすすめの5色のパレットから色を選択。

> 📝 **Note**
> **スウォッチのおすすめ**
> 作成中のプロジェクトの補色や反対色など、配色の基本に従って自動的に提案されたカラーです。

3 他の色を使いたい場合は「別のカラーを追加」から色を選択する。

カスタムカラーを設定する

1 編集したいオブジェクトを選択し、表示された「塗り」＞「カスタム」をクリック。

2 色相バー・色調パレット・色の透明度を使って色を選択する。

📝 Note

カスタムカラー

　色相バー・色調パレットを使って自由に色を選び、色の透明度を調整して直感的にカスタムカラーが作れます。
「16進コード」、またはプルダウンで「RGBモード」に切り替えて直接数値を入力することができます。

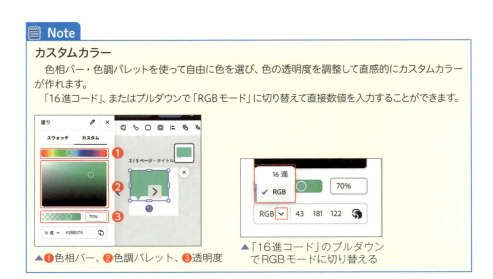

▲ ❶色相バー、❷色調パレット、❸透明度

▲「16進コード」のプルダウンでRGBモードに切り替える

スポイトツールでカラーを設定する

1. 色を変えるオブジェクトを選択。上部のスポイトアイコンをクリックするとマウスポインタが拡大鏡のようになる。

2. ウィンドウ内の使いたい色の上でポインタをクリックすると、カラーがサンプリングされオブジェクトの色が変わる。

SECTION 02-19 カラーパレットの作り方

配色の基本となるカラーパレットを活用しよう

デザインにおいて、カラーパレットは作品のトーンや印象を左右する重要な要素です。ここでは、カラーパレットの基本概念から具体的な作成手法、そして実際のデザインへの応用例までを分かりやすく解説します。

ワンクリックで色の組み合わせを変える

1 編集画面上部にある配色（カラーテーマを変更）をクリックし、表示された各テーマの配色リストから選択。

💡 Hint

キーワードで配色を探す

色や雰囲気をキーワードとして検索することで、お気に入りのカラーコンビネーションを見つけることができます。これにより、デザインのインスピレーションを得ることができます。

02 基本操作をマスターしよう

81

●緑黄色野菜のイメージ

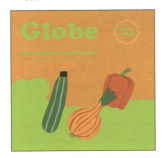

●オーガニック野菜のイメージ

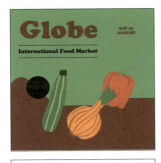

●青空で育った健康的な野菜のイメージ

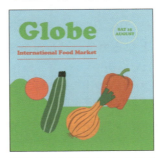

●背景をブラックにした高級野菜のイメージ

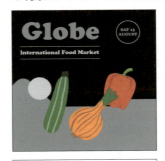

デザインに統一感をもたらすカラーパレット

カラーパレットはとても役立つツールです。以下の理由から、特にデザイン初心者にとって有効です。

デザイン初心者が迷わずに統一感のある美しいデザインを作るのに、カラーパレットは大変役立ちます。

●デザインの統一感を簡単に保てる

カラーパレットを使うと、自然にデザイン全体に統一感が生まれます。これにより、プロのような見た目を簡単に作り出せます。

●感情やメッセージを分かりやすく表現できる

色にはそれぞれ異なる印象や感情を伝える力があります。カラーパレットを使うことで、例えば信頼感を伝える青や活気を感じさせる赤など、適切な色を選んでデザインのメッセージを分かりやすく表現できます。

●配色の難しさを解消できる

どの色を組み合わせるべきか迷うことが多いですが、あらかじめ選ばれたカラーパレットを使うことで、調和の取れた配色が簡単に作れます。これにより、バランスの取れた美しいデザインを手軽に実現できます。

●デザインの作業効率を上げられる

最初からカラーパレットが決まっていると、どの色を使うか悩む時間を節約できるので、作業がスムーズに進みます。

●インスピレーションが湧きやすい

カラーパレットはデザインのスタート地点として、特にアイデアが浮かばないときや、何から始めてよいかわからないときの手助けになります。

02

基本操作をマスターしよう

83

カラーテーマのカテゴリー

　Adobe Expressのカラーテーマは、デザイン初心者でも簡単に魅力的な配色を見つけられるよう、多様なカテゴリーに分類されています。それぞれのカテゴリーについて詳しく解説します。この分類は、色相、彩度、明度といった色の要素や、それらが与える印象を基にしています。

●ボールド

　力強く、大胆な印象を与える配色のカテゴリーです。コントラストが強く、鮮やかな色が使用されていることが多いです。見る人の注意を引き付けたい場合や、エネルギッシュなデザインに適しています。赤と黒、青と黄色のような組み合わせなど。

●クラシック

　時代を超えて愛される、伝統的で落ち着いた印象の配色のカテゴリーです。洗練された上品さや、安定感、信頼感を表現したい場合に適しています。イビーとゴールド、ベージュとブラウンのような組み合わせなど。

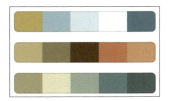

●プロフェッショナル

　ビジネスシーンやフォーマルな場面に適した、洗練された印象の配色のカテゴリーです。誠実さや信頼感を表現し、落ち着いた印象を与えます。濃い青とグレー、白と黒のような組み合わせなど。

●パステル

　淡く優しい色合いの配色のカテゴリーです。柔らかく、可愛らしい、穏やかな印象を与えます。女性向けのコンテンツや、子ども向けのコンテンツ、リラックスした雰囲気のデザインに適しています。薄いピンクと水色、ラベンダーとミントグリーンのような組み合わせなど。

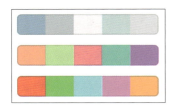

●カラーポップ

　鮮やかな色を効果的に使用し、目を引くような印象を与える配色のカテゴリーです。活気があり、個性的で、現代的な印象を与えます。鮮やかなピンクにターコイズブルーを組み合わせたり、黄色と紫の組み合わせなど。

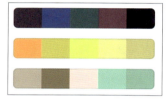

●モダン

　現代的で洗練された印象の配色のカテゴリーです。シンプルでミニマルなデザインや、都会的なデザインに適しています。モノトーンにアクセントカラーを加える、幾何学的なパターンと相性の良い配色など。

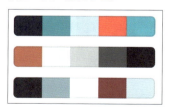

●レトロ

　過去の時代、特に20世紀中頃の色使いを参考にしている配色のカテゴリーです。懐かしさや温かみ、個性的な印象を与えます。アースカラーとオレンジ、マスタードイエローとティールグリーンのような組み合わせなど。

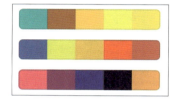

●ニュートラル

　白、黒、グレー、ベージュなどの中間色を中心とした配色のカテゴリーです。落ち着いた、穏やかな、自然な印象を与えます。他の色を引き立てる役割も果たします。様々な濃さのグレーを組み合わせたり、ベージュと白の組み合わせなど。

色の組み合わせをシャッフルする

1. ページテーマを選択すると、操作パレットの上部にページテーマが表示される。

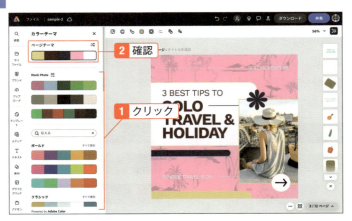

2. シャッフルアイコンをクリックするたびに、配色がシャッフルされる。

Chapter

03

使えるツール解説

Adobe Expressは、デザインを高性能かつ高品質に仕上げる
ための多彩なツールを提供しています。この章では、私が実際
に使用してみて便利だと感じた、写真や動画、オーディオなど
の素材の探し方や使い方を詳しくご紹介します。

また、テキストや画像に動きを加えるアニメーション機能や、
ブランドカラーやロゴを統一する方法についても解説していま
す。これらのツールをうまく活用することで、デザインに統一
感や動きを加え、仕上がりをさらに魅力的にすることができま
す。ぜひ参考にしてみてください。

SECTION 03-01 メインになるフリー素材「メディア」

写真と**動画**で表現を豊かに

目的に応じて適切なメディアを選ぶことで、視覚的なインパクトを高め、プロのようなデザインを実現します。例えば、印象的なプレゼンテーション資料や、魅力的なSNS投稿、目を引く広告バナーなどを作成できます。

メディア素材は写真・動画・オーディオの三種類

1 メニューバーの「メディア」をクリックし、上部のメディアタイプから「写真」「動画」「オーディオ」を選択。

▲写真

▲動画

▲オーディオ

SECTION 03-02 メディア①写真

写真はデザインの中核を担う重要な要素

検索バーにキーワードを入力するだけで、テーマや色合いに合った写真が一覧表示されます。Adobe Stockライブラリでは、高品質でロイヤリティフリーの画像を、幅広いテーマから選択できます。

キーワードから写真を選択する

1. メニューバーの「メディア」をクリック。

2. 「写真」タブをクリック。

3. 検索ワードを入力して [Enter] キーを押す。

4 希望の画像をクリック。

5 デザインを作成（制作例：テーマパークのポスター）。

💡Hint
制作例

▲キーワード「女性 冬」　　　▲アパレルショップのSNS投稿

カテゴリーから写真を選択する

1 「写真」タブをクリック。

💡Hint
カテゴリーの中から探す
「人物」「動物」「季節の素材」など、カテゴリーごとに整理されているため、具体的なイメージがなくても手軽に探すことが可能です。

2 利用したいカテゴリーの「すべてを表示」をクリック。

3 希望の画像をクリック。

4 デザインを作成（制作例：犬と猫の譲渡会チラシ）。

SECTION 03-03 メディア②動画

動きのあるデザインを簡単に作成

動画は、視覚的なインパクトを与え、デザインを動的にする重要な要素です。Adobe Expressの動画機能では、豊富なAdobe Stockのライブラリや自分の動画を活用して、プロフェッショナルな動きのあるデザインを作成できます。

カテゴリーから動画を選択する

1 メディア画面上部の「動画」タブをクリック。

2 動画のカテゴリーが表示される。目的のカテゴリーの「すべて表示」をクリック。

💡Hint

プレビューを表示する

動画のサムネイル上でマウスオーバーするとその場でプレビューが可能なため、プロジェクトに合うかどうかをすぐに確認できます。

キーワードから動画を選択する

具体的なテーマやキーワード（例：「海」「スポーツ」「家族」など）を、検索バーに入力すると、関連する動画が一覧表示されます。Adobe Stockの豊富なライブラリでは、高品質でロイヤリティフリーの動画素材を、幅広いテーマから選択できます。

▲キーワード「化粧 パレット」

▲制作例：YouTube動画オープニング

▲キーワード「クリスマス」

▲制作例：TikTok動画

SECTION 03-04 メディア③オーディオ

オーディオは、視覚コンテンツを補完する重要な要素

Adobe Expressでは、背景音楽や効果音などの無料オーディオ素材を活用することができます。無料で使えるBGMや効果音が豊富に収録され、テーマやジャンル別に検索可能です。

カテゴリーからオーディオを選択する

1 メディア画面上部の「オーディオ」タブをクリック。

2 動画のカテゴリーが表示される。

3 プレビューボタンで曲を確認する。

💡 Hint

豊富な選択肢

「ポップ」「アンビエント」などのジャンル別の他、利用シーンや目的に合わせたカテゴリーからも検索できます。「プレゼン」「広告」「オープニング」など、具体的な用途が決まっている場合は、こちらのカテゴリーから探すと効果的です。また、「BGM」「効果音」など、音の種類で絞り込むことも可能です。

97ページの一覧表も参考にしてください。

4 曲を選択する。

5 選択した曲がタイムラインに表示される。

6 編集パネルで「ボリューム」「フェード」を設定する。

キーワードからオーディオを選択する

1 イメージしているキーワードを検索窓に入力する。

2 検索結果が表示される。

💡Hint

イメージで検索しやすい

特定の雰囲気や楽器、ジャンルが決まっている場合は、キーワード検索が便利です。例えば「明るい」「ピアノ」「ジャズ」といったキーワードで、イメージに合致したサウンドを素早く見つけられます。複数のキーワードを組み合わせると、より詳細な絞り込みができます（例：「明るい ピアノ ジャズ」）。

📔 Note

BGMと効果音

・BGM

ポップ、ロック、クラシック、ジャズ、エレクトロニックなど、あらゆるジャンルが網羅されています。さらに、国や地域、雰囲気、楽器などでも細かく分類されています。詳細は次ページを参照してください。

・効果音

トランジション、ユーザーインターフェース、自然、動物など、動画制作に役立つ効果音が充実しています。シーンの切り替えや、アクションの強調などに活用できます。特に効果音は、動画やアニメーションにおいて、視聴者の注意を引き付けたり、物語の転換点やキャラクターの内面を伝えるきっかけを与えたりする重要な役割を果たします。効果音を巧みに使いこなすことで、作品全体の完成度を大幅に向上させることができます。

早見表「こんな動画ならこのBGM」

Adobe Expressのメディアライブラリにあるオーディオ素材は、幅広いジャンルとムードが揃っており、プロジェクトに最適なサウンドを見つけるための強力なツールです。以下では、各カテゴリーの特徴と、どのようなシーンに適しているかについてまとめました。

カテゴリー	説明	適したシーン
アコースティック	アコースティック楽器を使用した、温かみのある音楽	カフェの風景、アットホームな雰囲気の動画、自然の風景など
BGM	バックグラウンドミュージック。主張しすぎず、雰囲気を盛り上げる音楽	広告、企業紹介動画、解説動画、Vlogなど
ブルース	アメリカ深南部発祥。哀愁漂うメロディーが特徴	バーの風景、ノスタルジックな雰囲気の動画、ロードムービーなど
金管楽器	トランペット、トロンボーンなどの金管楽器を主体とした、華やかで力強い音楽	スポーツイベント、祝賀会、オーケストラの演奏シーンなど
クラシック	西洋の伝統的な芸術音楽。重厚で格調高い雰囲気	歴史的な建造物、美術館、高級ブランドのCMなど
カントリー	アメリカ南部の農村地帯発祥。素朴で牧歌的な音楽	田園風景、カウボーイ、アメリカの田舎町など
ダンス	ダンスミュージック全般。アップテンポでリズミカル	クラブ、パーティー、エクササイズ動画など
エレクトリック	電子楽器を主体とした、現代的でスタイリッシュな音楽	テクノロジー、未来都市、SF映画など
映画音楽	映画の雰囲気を盛り上げる音楽。壮大なオーケストラ曲から繊細なピアノ曲まで、様々なスタイル	ドラマチックなシーン、感動的なシーン、アクションシーンなど
ヒップホップ	1970年代にニューヨークで生まれた、都会的でクールな音楽	ストリートカルチャー、若者向けの動画、ダンスパフォーマンスなど
ジャズ	19世紀末にアメリカで生まれた、即興演奏やスウィングのリズムが特徴のおしゃれで洗練された音楽	バー、カフェ、都会の夜景など
ラテン	ラテンアメリカ発祥。情熱的で陽気なリズムが特徴	カーニバル、ダンスパーティー、南国の風景など
目新しい	ユニークで斬新なサウンド。実験的な要素が強く、他のカテゴリーに当てはまらない個性的な曲	コメディ、アニメーション、奇抜な演出の動画など
ポップ	ポピュラーミュージック。多くの人に親しまれる、キャッチーで覚えやすいメロディー	広告、ドラマ、バラエティ番組など
レゲエ	ジャマイカ発祥。独特のリズムと歌い方が特徴	海辺、リゾート地、リラックスした雰囲気の動画など
神秘的	幻想的でミステリアスな雰囲気	宇宙、魔法、古代遺跡など
ロック	1950年代にアメリカで生まれた、エネルギッシュでパワフルな音楽	ライブコンサート、スポーツ、アクション映画など
多国籍	世界各国の伝統音楽や民族音楽。それぞれの国の文化や風土を感じさせる音楽	旅行番組、ドキュメンタリー、異文化紹介など

03

使えるツール解説

97

アニメーションで多彩なアクションを加える

簡単操作でプロ級の画像編集

SNS投稿や動画、その他のコンテンツにひと工夫を加えたいなら、Adobe Expressでアニメーションを取り入れてみましょう。テキストやグラフィックに動きを付けることで、視聴者の目を引き付け、デザイン全体の魅力を引き上げることができます。

アニメーションオプション

Adobe Expressには、様々なアニメーションオプションが搭載されています。速度、方向、タイミングなどを自由にカスタマイズでき、作りたいイメージにぴったりの動きを簡単に実現可能です。また、「すべてをアニメーション化」機能を使えば、テンプレート全体に統一感を持たせたアニメーションを一括で設定することもできます。

アニメーションのタイミングは3段階

デザイン内のテキスト、写真、ビデオなどのオブジェクトに対し、「開始(イン)」、「ループ」、「終了(アウト)」の3種類のアニメーション効果を適用できます。これにより、オブジェクトの登場、動きの継続、退場を細かく設定し、視覚的に魅力的なデザインを簡単に作成することが可能です。

●**開始**

オブジェクトが画面に現れる際の動きを設定します。テキストを一文字ずつ表示させたり、写真を外側からズームインさせることが可能です。

●**ループ**

オブジェクトが継続的に動き続ける効果を設定します。例えば、背景を連続的に動かしたり、ロゴを上下に跳ねさせることができます。

●**終了**

オブジェクトが画面から消える際の動きを設定します。テキストを一文字ずつ非表示にしたり、写真をズームアウトさせることが可能です。

アニメーションの種類

●開始アニメーションと終了アニメーション

　開始アニメーションは、画像やテキストが最初に表示される際のアニメーション効果を指し、終了アニメーションは、画像やテキストが最後に表示される際のアニメーション効果を指しますが、これらは多くの機能が共通しています。

表示
タイプライター：文字・単語・行ごとに表示される
ちらつき：点滅しながら表示される
フェード：徐々に表示される

移動
スピン：回転しながら表示される
スライド：指定した方向からスライドして表示される
タンブル：回転しながら落下するように表示される
ドリフト：漂うように表示される
ドロップ：落下するように表示される
バンジー：飛び跳ねるように表示される
ライズ：上昇するように表示される

拡大・縮小
拡大：拡大しながら表示される
縮小：縮小しながら表示される

アピアランス
シャッター：シャッターが開くように表示される
フラッシュ：フラッシュのように一瞬表示される
ぼかし：ぼやけた状態から鮮明に表示される
ポップ：ポンと飛び出すように表示される
モノクロ：モノクロの状態からカラーに変化しながら表示される

●ループアニメーション

ループアニメーションは、画像やテキストに繰り返し動きを加えるアニメーション効果です。

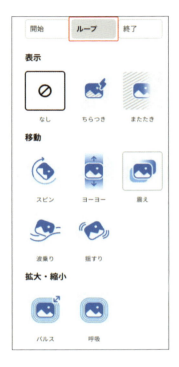

表示
ちらつき：点滅を繰り返す
またたき：点滅を繰り返す（ちらつきよりもゆっくりとした点滅）

移動
スピン：回転を繰り返す
ヨーヨー：上下に移動を繰り返す
震え：細かく振動を繰り返す
波乗り：波打つように移動を繰り返す
揺すり：左右に揺れを繰り返す

拡大・縮小
パルス：拡大と縮小を繰り返す
呼吸：ゆっくりと拡大と縮小を繰り返す

アピアランス
ぼかし：ぼやけたり鮮明になったりを繰り返す

⚠ Check

アニメーションの微調整

選択中のアニメーションアイコンをさらにクリックすると、プロパティウィンドウが開き、微調整ができるようになります。

上下左右に移動するアニメーションの方向、フェード、動作時間や強度の調整などが可能です。

アニメーションを設定する

1 アニメーションを設定するオブジェクトを選択。

2 「アニメーション」をクリック。

3 開始アニメーションを設定する。ここでは、太陽がゆっくり登るように「ライズ」を設定。

4 ループアニメーションを設定する。ここでは、太陽が回転する「スピン」を設定。

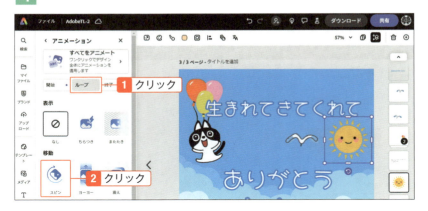

5 終了アニメーションを設定する。ここでは、太陽が落ちていく「ドロップ」を設定。

⚠ Check

他のイラスト素材に設定している
アニメーション例

　太陽の隣にある「カモメ」には、以下のアニメーションを設定しています。

▶開始：ライズ / ループ：ヨーヨー /
　終了：フェード

タイムライン画面の見方

動画の編集は直感的に分かるようになっています。編集画面の下部にタイムラインが表示されます。

❶ **レイヤー**
❷ **オブジェクトのタイムライン**：オブジェクトを選択すると、いつからいつまで表示されるか分かる
❸ **メイン動画のタイムライン**
❹ **タイムバー**：タイムラインの表示を手動で移動する
❺ **時間表示**

オブジェクトのタイムラインは、ドラッグ&ドロップで時間を移動させることができます。

アニメーションを複合するテクニック

1. イラストそれぞれに、ループで異なるアニメーションを設定する

2. 二つのイラストを選択して右クリックし、グループ化する。

3. グループ化したオブジェクトにアニメーションを設定する。ここでは「開始：ドリフト（右）」「ループ：波乗り」「終了：ライズ（上）」を設定。

4 それぞれのイラストが違う動きをしながら、グループ化で設定したアニメーションの動きをする。

ワンクリックで全体をアニメーション化する

1 画面上部の「アニメーション」をクリック。

> 📓 **Note**
>
> **すべてをアニメート**
> 　「すべてをアニメート」機能を使用すると、デザイン内のテキスト、画像、図形など、すべての要素にアニメーションを適用できます。アニメーションパネルから好みのプリセットを選択するだけで、各要素に動きが加わり、静的なデザインが動的なデザインに変わります。個々の要素のアニメーション効果やタイミングをカスタマイズすることも可能です。

2 「すべてをアニメート」から希望のアニメートをクリック。

> 📓 **Note**
>
> **アニメートの種類**
> 　いずれも、すべての画像やテキストに対して設定されます。
>
> **サンライズ**：上昇するように表示される
> **フォール**：落ちてくるように表示される
> **ブルーム**：それぞれ中心から外側に向かって拡大するように表示される
> **スライド**：指定した方向からスライドして表示される
> **ポップ**：テキストがポンと飛び出すように表示される

SECTION 03-06 ブランド機能：デザインの一貫性を瞬時に実現

ビジュアルアイデンティティを確立し、ブランド認知度を高める

ビジュアルアイデンティティは、ブランド認知度を高め、顧客との繋がりを深めるために不可欠です。Adobe Expressのブランドキットを使えば、ロゴ、ブランドカラー、フォントだけでなく、ビジュアルアイデンティティを構成する様々な要素を登録し、デザインに一貫性を持たせることができます。なお、「ブランド」はプレミアムプランの機能です。

ブランドを設定する

1 メニューバーの「ブランド」をクリック。

Note
ビジュアルアイデンティティ
ビジュアルアイデンティティとは、ロゴ、カラー、フォント、画像など、視覚的な要素によってブランドを表現する手法のことです。一貫したビジュアルアイデンティティを確立することで、ブランドイメージを明確化し、顧客にブランドを認識してもらいやすくなります。

Check
ブランド機能
「ブランド」はプレミアムプランの機能（王冠のマーク）です。

2 「ブランドを作成」をクリック。

3 「ブランド名」を入力し、保存先を選択して「新規作成」をクリック。

Check
共有範囲
個人用ストレージのブランドとライブラリは個別のユーザーと共有できます。グループストレージでは、自動的にすべてのグループメンバーと共有されます。

ロゴを登録する

1 「ロゴ」をクリックし、「ロゴをアップロード」をクリック。

> ⚠ **Check**
>
> **ロゴ**
>
> 　ロゴはブランドの顔とも言える重要な要素です。ブランドキットでは、メインロゴだけでなく、バリエーションや商品ロゴも登録できます。ロゴを持っていなくとも、「ロゴメーカー」で簡単に作ることができます（SECTION04-14参照）。

2 ロゴが登録される。

カラーを登録する

1 「カラー」をクリックし、「カラーを追加」をクリック。

> ⚠ **Check**
>
> **ブランドカラー**
>
> 　ブランドカラーは、ブランドイメージを伝える上で重要な役割を果たします。ベースカラーやサブカラーをカラーパレットに登録し、Webサイトや印刷物など、あらゆる媒体で一貫して使用することで、ブランドイメージを効果的に浸透させることができます。Chapter13で、Adobe Colorを使ったカラーパレットの作成方法を具体的に解説しています。

2 「カラースウォッチ」をクリック。

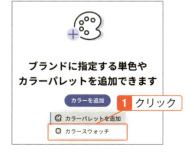

3 カラーを追加して保存する。

4 名前を付けて保存する。

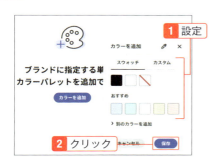

⚠ Check

カラーの選択方法

カラーの選択方法については、SECTION02-18「カラー編集」を参照してください。

💡 Hint

ブランドのカラーは何色？

ブランドカラーは、一般的に3～5色程度に絞るのが適切とされています。基本となる考え方は以下の通りです。

・ベースカラー

ブランドの基調となるカラーで、最も重要な色。ブランドイメージを象徴する色を選び、ロゴやメインビジュアルなどに使用する。

・サブカラー

ベースカラーを引き立てる、または補完する役割を持つカラー。2～3色程度設定し、Webサイトや印刷物などでベースカラーと組み合わせて使用する。

・アクセントカラー

ポイントとなる部分に使用するカラー。1色程度設定し、ボタンや見出しなどに使用することで、ユーザーの注意を引き付ける。

・テキストカラー

背景色とのコントラストを考慮して、読みやすい色を選ぶのが望ましい。

以下はネイルサロンのブランドカラー例です。これは一例ですが、同じネイルサロンでも、サロンのコンセプトによってカラーの選択は全く変わります。

フォントを登録する

1. 「フォント」をクリックし、「フォントを追加」をクリック。

💡Hint
フォント
フォントも、ブランドの個性を表現する要素の一つです。ブランドに合ったフォントファミリーを選択し、見出し、本文、キャプションなど、用途別にフォントスタイルを指定しましょう。

2. 使いたいフォントを選択する。

3. フォントが登録される。

素材を登録する

1. 「素材」をクリックし、「素材をアップロード」をクリック。写真・アイコン・パターンなどをアップロードして登録する。

> 💡**Hint**
>
> **素材の登録**
>
> ブランドイメージを伝える写真、イラスト、アイコン、パターンなどを登録しておけば、デザインに統一感を持たせやすくなります。
>
> キャラクターアイコン例▶

ブランドキットの「概要」

ブランドキットは、Adobe Expressのブランド機能で作成したアセットを一元管理し、デザインに一貫性を持たせるためのツールです。

ブランドキットには、ロゴ、カラー、フォント、素材、テンプレートなどが含まれ、これらをまとめて管理することで、ブランドアイデンティティを維持しながら効率的なコンテンツ作成が可能になります。

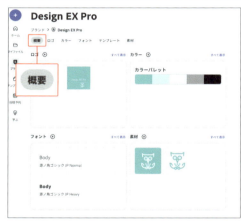

▲登録したロゴ、カラーパレット、フォント、素材の一覧

ブランドキットの使い方

1 メニューバーで「ブランド」をクリックし、操作パレットのブランドアイコンをクリック。

2 操作パネルのカラーパレットをクリック。

3 素材のアイコンをクリックして貼り付け、位置・サイズを調整する。

4 フォントを選択し、ブランドセットのフォントに変える。

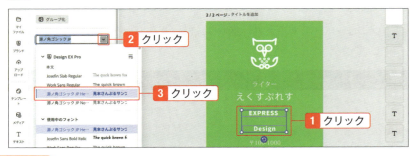

⚠ Check
ブランドセットのフォント
ブランドセットのフォントはプルダウンメニューの上部に表示されます。

5 カラーパレットをクリックすると、ブランドカラーの配色に変わる。

6 ブランドカラーの配色を変えたい場合は「カラーテーマを変更」をクリック。

7 「カラーテーマのシャッフル」をクリックして配色パターンを変える。

> ⚠ **Check**
>
> **カラーテーマのシャッフル**
> 　カラーテーマのシャッフルについては、SECTION02-19の最終ページ「色の組み合わせをシャッフルする」を参照してください。

テンプレートを追加する

1. 「テンプレート」をクリックし、「テンプレート追加」をクリック。

2. 事前に作成していたコンテンツを選ぶ。

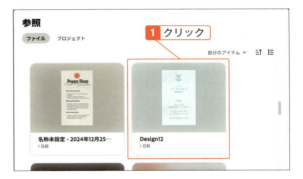

3. 名前を付けて「テンプレートを保存」をクリック。

4. ブランドのテンプレートに登録される。

ビジュアルアイデンティティを効果的に活用するポイント

・ガイドラインを作成
　ロゴの使用ルール、カラーパレットの適用方法、フォントの使い分けなど、ビジュアルアイデンティティに関するガイドラインを作成することで、ブランドの一貫性を維持しやすくなります。

・チームで共有
　ブランドキットをチームで共有することで、メンバー全員が同じビジュアルアイデンティティを理解し、共有することができます。

・定期的な見直し
　ブランドは常に進化するため、ビジュアルアイデンティティも定期的に見直し、必要があれば更新していくことが重要です。

SNS 投稿に最適なサイズ

プラットフォーム	動画の種類	推奨解像度（ピクセル）	アスペクト比	備考
YouTube	標準動画	1920x1080 (Full HD)	16:9	
	ショート動画	1080x1920	9:16	縦型動画では、キャプションやタイトルが画面下部に重なる場合があるため、重要な情報は画面上部に配置するのがおすすめ
Instagram	フィード投稿	1080x1080 (正方形) 1080x1350 (4:5)	1:1、4:5	2025年のアップデートでフィード投稿サイズが従来の正方形から4:5比率に変更された
	ストーリーズ/リール	1080x1920	9:16	縦型動画では、キャプションやタイトルが画面下部に重なる場合があるため、重要な情報は画面上部に配置するのがおすすめ
TikTok	投稿動画	1080x1920	9:16	縦型動画では、キャプションやタイトルが画面下部に重なる場合があるため、重要な情報は画面上部に配置するのがおすすめ
X(旧Twitter)	投稿動画	1280x720 1920x1080	16:9	
Facebook	フィード投稿	1280x720 1920x1080	16:9、1:1、4:5、9:16	

SECTION 03-07 共有機能

チームでのデザイン共同作業が簡単に

Adobe Expressの共有機能は、デザインプロジェクトをチーム全体でスムーズに共同編集するための便利なツールです。メンバーを招待し、編集権限や表示権限を設定することで、安全かつ効率的に作業を進められます。

複数のメンバーで共同編集できる

共同作業者の名前またはメールアドレスを入力するだけで、簡単にメンバーを招待でき、編集権限と表示権限のどちらかを付与することが可能です。ロゴ、ブランドカラー、フォントなどのブランド要素やテンプレートをチーム全体で共有でき、ブランドイメージに合った統一感のあるデザイン制作を促進できます。完成したデザインは、Facebook、X（旧Twitter）、InstagramなどのSNSやメールで直接共有することができます。

メンバーを招待する

1 ワークスペースで「共有」ボタンをクリック。

2. 招待する相手のアカウント（Adobe Expressのアカウントに使用しているメールアドレス）を入力し、権限を設定。必要に応じてメッセージを入力し、「編集に招待」をクリック。

⚠ Check

権限の選択
編集可能：共同編集ができる
コメント可能：編集はできないがコメントで指示ができる

3. 招待されたメンバーは、画面右上の通知アイコンをクリック。

4. 通知内のファイルアイコンをクリック。

5 招待者、招待された両者のアイコンが表示される。

6 同時編集の場合、共同編集相手の作業が表示され、相手の作業がリアルタイムに反映される。

Chapter

04

便利で楽しい
クイックアクション機能

Adobe Expressでぜひ使いたい機能「クイックアクション」
は、画像や動画をドラッグ＆ドロップなど簡単なステップで編
集できる便利なツールです。

この章では、背景を消したり、動画や画像のサイズを変えた
り、編集機能に加え、ファイル形式を変換したり、動画の統合、
PDF編集など、色々なクイックアクションを紹介します。

SECTION 04-01 ワンタッチで画像や動画を編集

数クリックで画像や動画を編集できる

クイックアクションは、画像や動画の編集を迅速かつ直感的に行える機能です。背景の削除やサイズ変更、フォーマット変換など、複雑な編集作業を数クリックで完了できます。これにより、デザイン初心者からプロまで、誰でも効率的に高品質なコンテンツを作成することが可能です。

クイックアクションを選ぶ

1 トップページの「クイックアクションを探す」をクリック。

2 クイックアクションのウィンドウが開くので、分類されているジャンルから目的のものを選ぶ。

📓 Note

クイックアクションの機能

・画像編集機能
画像のサイズ変更、背景の削除、JPGとPNG形式の変換、画像の切り抜きなどが可能です。

・動画編集機能
動画のトリミング、サイズ変更、GIFへの変換、速度変更、結合などの操作が簡単に行えます。

・ドキュメント編集機能
PDFの編集や他のドキュメント形式への変換もサポートされており、日常の作業を効率化できます。

・生成AI機能
Adobe Expressに搭載されている画像生成AI「Firefly」で、画像を生成、オブジェクトを削除、オブジェクトを挿入、テンプレートを生成、テキスト効果の生成ができます。

💡 Hint

定型印刷サイズ（単位：mm）

名刺	91 x 55	一般的な名刺
はがき	100 x 148	年賀状、郵便はがき
L 判	89 x 127	写真プリント
2L 判	127 x 178	写真プリント

04

便利で楽しいクイックアクション機能

SECTION 04-02 画像編集①
背景を削除

画像生成AIを使って人物の背景も削除

画像の不要な背景をワンクリックで取り除くことができる便利な機能です。特に、人物やオブジェクトを際立たせたいときに、わずかな時間でプロ仕様の仕上がりを実現します。

背景を削除する

1. カテゴリーの「SNS」または「写真」から「背景を削除」をクリック。

2. 背景を削除したい画像をドラッグ＆ドロップでアップロードする。

122

3 自動的に背景が削除され、被写体のみが残る。

4 「ダウンロード」をクリックしてデバイスに保存する。編集をする場合は「エディターで開く」をクリックすると、Adobe Expressの編集画面に移行する。

💡Hint

プリセットされている背景

プリセットされている背景を使う場合は、選択してダウンロードできます。

背景を削除した画像を編集する

1. 「メディア」＞「写真」から花畑を検索し、ドラッグして背面に配置する。

2. タイトル・コピーなどのテキストを入力し配置する。

3. テキストのカラー変更や文字飾りを施す。

4. デザインを仕上げる。

SECTION 04-03 画像編集② 画像のサイズを変更

画像サイズを自由自在に調整

「画像のサイズを変更」を利用すれば、ドラッグ＆ドロップするだけでSNS投稿や印刷物など、用途に合わせて最適なサイズに調整し、デザインの質を高めることができます。

画像のサイズを変更する

1. カテゴリーの「SNS」または「写真」から「画像のサイズを変更」をクリック。

2. 画像をドラッグ＆ドロップでアップロードする。

⚠ Check

各種SNSに適したサイズを選択するだけ

デバイスからJPGやPNG形式の画像をアップロードし、標準的な縦横比やInstagram、Facebook、X、YouTubeなど、各種SNSに適したサイズを選択するだけで、簡単にリサイズできます。カスタムサイズを指定して、特定の幅や高さに調整することもできます。サイズ変更後は、画像をダウンロードしてすぐに使用できます。

3 設定画面が表示される。

❶ SNSやスマホの縦型、PCのワイド　❸ 変更後のサイズ比較
　などがあらかじめ準備されている　❹ 画像のズーム
❷ 画質の調整スライダー　　　　　　❺ 変更後の画質の比較

4 画面サイズをプルダウンメニューで設定する。

5 「ダウンロード」をクリックしてデバイスに保存する。編集をする場合は、「エディターで開く」をクリックするとAdobe Expressの編集画面に移行する。

💡Hint
画面サイズの例

▲YouTubeサムネイル（16：9）　▲Instagram投稿（正方形）　▲スマホ縦型（9：16）

画像編集③ ファイル形式の変換

画像形式を自由自在に変換

JPG、PNG、SVGなど、様々な画像形式に簡単に変換できます。例えば、PNGをJPGに変換してファイルサイズを小さくしたり、JPGをSVGに変換して画像を拡大・縮小しても画質が劣化しないようにすることができます。変換後の画像はダウンロードして、ソーシャルメディアやブログ投稿、印刷物など、様々な用途に適した形式で利用できます。

ファイル形式を変換する

1 カテゴリーの「写真」で、「JPGに変換」「PNGに変換」「SVGに変換」から目的のファイル形式を選ぶ。

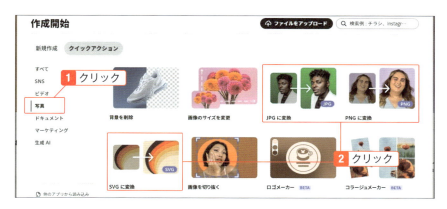

2 画像をドラッグ＆ドロップでアップロードする。

> ⚠ **Check**
>
> 対応ファイル形式
> JPGに変換：PNG,WEBP
> PNGに変換：JPEG,JPG,WEBP
> SVGに変換：JPEG,JPG,PNG

3 「ダウンロード」をクリックしてデバイスに保存する。編集をする場合は、「エディターで開く」をクリックするとAdobe Expressの編集画面に移行する。

画像ファイル形式の特徴と用途

画像データには、写真やシンプルなイラスト、ロゴマークなど、用途に応じて最適な形式があります。写真など、色のグラデーションが多い画像にはJPGが最適です。一方、イラストやロゴなど、色数が少ない画像にはPNGが最適です。また、ロゴやアイコンなど、拡大・縮小しても画質を劣化させたくない場合はSVGが最適です。

以下の表は、よく使用されるファイル形式についてまとめています。

ファイル形式	JPG	PNG	SVG	WEBP
正式名称	Joint Photographic Experts Group	Portable Network Graphics	Scalable Vector Graphics	
拡張子	.jpg / .jpeg	.png	.svg	.webp
圧縮方式	非可逆圧縮	可逆圧縮	可逆圧縮	可逆圧縮 / 非可逆圧縮
色数	1677万色	1677万色以上	無制限	1677万色
透過	非対応	対応	対応	対応
画質	写真に向いている	イラストに向いている	ロゴやアイコンに向いている	写真、イラスト両方に対応
ファイルサイズ	小さい	中くらい	データによる	小さい
特徴	写真など、色のグラデーションが多い画像に最適 圧縮率が高く、ファイルサイズが小さい Webサイトで最も一般的に使用される画像形式	イラストやロゴなど、色数が少ない画像に最適 透過画像を作成できる 圧縮しても画質が劣化しない	ロゴやアイコンなど、シンプルな画像に最適 拡大・縮小しても画質が劣化しない ベクター画像なので、イラストレーターなどのソフトで編集可能	JPEGやPNGよりも高い圧縮率で、画質を保ったままファイルサイズを小さくできる アニメーションや透過効果にも対応
用途	Webサイトの写真 ソーシャルメディアの投稿 印刷物	Webサイトのロゴやアイコン イラスト スクリーンショット	Webサイトのロゴやアイコン 印刷物のロゴやアイコン イラストレーターで作成したイラスト	Webサイトの画像全般 アニメーション画像

非可逆圧縮：画像を圧縮する際に、画質を落とすことでファイルサイズを小さくする方式
可逆圧縮： 画像を圧縮する際に、画質を落とさずにファイルサイズを小さくする方式
透過： 背景を透明にすること

04-05 画像編集④ 簡単トリミング

ハンドルで調整するだけ

JPEG、JPG、PNG、WEBPファイルの画像を切り抜きできます。画像の余計な部分を素早く切り取れる便利なツールです。直感的な操作で、必要な部分だけを残したいときや、特定のサイズに画像を整えたいときに役立ちます。

画像を切り抜く

1. カテゴリーの「SNS」または「写真」から「画像を切り抜く」をクリック。

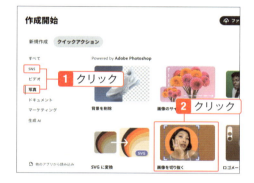

2. 背景を削除したい画像をドラッグ＆ドロップでアップロードする。

3. 四隅のハンドルでサイズを調整する。その後「ダウンロード」をクリックしてデバイスに保存する。編集をする場合は、「エディターで開く」をクリックするとAdobe Expressの編集画面に移行する。

04-06 動画編集① 動画をトリミング

動画の不要な部分をカットして、伝えたい瞬間を共有

「動画をトリミング」を使えば、動画の不要な部分をカットして、本当に伝えたいシーンだけを残すことができます。視聴者の心を惹き付ける、より効果的な動画を作成しましょう。

動画をトリミングする

1 カテゴリーの「ビデオ」または「SNS」から「動画をトリミング」をクリック。

⚠ Check
対応ファイル形式
対応ファイル形式はMP4、MOV、AVIで、ファイルサイズは最大1GBまで使用可能です。

2 動画をドラッグ＆ドロップでアップロードする。

⚠ Check
時間の調整、アスペクト比の変更、ミュートを手早く実行
デバイスから編集したい動画をアップロードし、開始時間と終了時間を設定するだけで、目的のシーンを正確に切り取ることができます。
SNSや動画の用途に合わせて、正方形、横長、縦長など、様々なアスペクト比から最適なものを選択できます。さらに、動画の音声をミュートするオプションもあり、BGMやナレーションを別途追加したい場合に便利です。
トリミングが完了した動画は、すぐにダウンロードして共有できます。

3 タイムライン上でハンドルをドラッグし、必要な範囲を残してトリミングして開始位置と終了位置を調整する。パネルの開始・終了位置に数値入力で正確な時間指定も可能（Check参照）。

⚠ Check

設定パネル

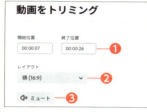

❶ 開始位置と終了位置
❷ 画面レイアウトの設定
❸ 消音設定

4 レイアウトを変更する場合はプルダウンから選ぶ（画面は「縦」「全画面表示」の場合の例）。

⚠ Check

レイアウト
・横（16：9）YouTubeなどの動画
・縦（9：16）スマホ縦動画サイズ
・正方形（1：1）

5 再生ボタンをクリックしてプレビューで確認し、「ダウンロード」をクリックしてデバイスに保存する。編集をする場合は、「エディターで開く」をクリックするとAdobe Expressの編集画面に移行する。

SECTION 04-07 動画編集② 動画のサイズを変更

SNSのフォームに合わせた動画のサイズにする

横型の動画をInstagramリール用の縦型動画にトリミングしたり、画面の端に映ってしまった関係ない人をカットするなど、視聴者に伝えたい重要な部分だけを残しましょう。必要であれば、独自のサイズに設定することも可能です。また、ミュート機能で元の動画の音声を削除することもできます。

用途に合わせたサイズに変更する

1. カテゴリーから「ビデオ」または「SNS」を選択し、「動画のサイズを変更」をクリック。

⚠ **Check**

対応ファイル形式
ファイル形式は「MP4」「MOV」「AVI」、ファイルサイズは最大1GBまで使用可能です。

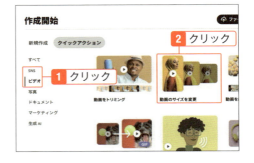

2. 動画をドラッグ＆ドロップでアップロードする。

3. タイムライン上でハンドルをドラッグし、必要な範囲を残してトリミングして開始位置と終了位置を調整する。パネルの開始・終了位置に数値入力で正確な時間指定も可能（手順4、5参照）。

⚠ Check

設定パネル

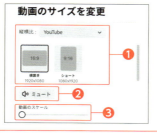

❶画面レイアウトの設定
❷消音設定
❸画角内のスケール

4 レイアウトを変更する場合は縦横比のプルダウンから選ぶ。

5 独自のサイズに設定する場合は、手順4で「カスタム」を選択して数値を入力する。

⚠ Check

縦横比を変更する

手順5で、中央の鍵のマークをクリックしてロックを解除すれば、縦横比を変更することもできます。

6 再生ボタンをクリックしてプレビューを確認したら、「ダウンロード」をクリックしてデバイスに保存する。編集をする場合は、「エディターで開く」をクリックするとAdobe Expressの編集画面に移行する。

SECTION 04-08 動画編集③
GIFに変換

自動再生やループ再生ができるアクティブなGIF形式に変換可能

動画ファイルを手軽にGIF形式に変換できます。MP4、MOV、AVIなどの様々な動画形式に対応しており、必要に応じてトリミングやサイズ調整を行えます。作成したGIFは、SNSでのミームやリアクション画像として活用でき、視覚的に魅力的なコンテンツを簡単に作成できます。さらに、Adobe Expressの豊富な編集機能を使えば、テキストやエフェクトを追加して、よりオリジナリティの高いGIFを作成することも可能です。

GIFに変換する

1 カテゴリーから「ビデオ」または「SNS」を選択し、「GIFに変換」をクリック。

2 動画をドラッグ＆ドロップでアップロードする。対応可能なファイルの長さは1分以内。

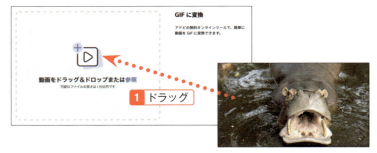

134

3 タイムライン上でハンドルをドラッグし、開始位置と終了位置を調整する。

4 ファイルサイズを大・中・小から選択する。続いてレイアウトのプルダウンメニューをクリック。

5 横・縦・正方形のいずれかのサイズを選択する。

6 再生ボタンをクリックしてプレビューを確認し、「ダウンロード」をクリックしてデバイスに保存する。

GIFに変換するメリット

　GIFはSNSでのコミュニケーション、Webサイトでの広告、プレゼンテーション資料、オンライン学習コンテンツなど、様々な場面で活用されています（なお、InstagramなどGIFファイルが対応していないSNSもあります）。
　動画をGIFに変換することには、主に以下のようなメリットがあります。

- **軽量で扱いやすい**
　GIFは動画ファイルよりも容量が小さいため、WebサイトやSNSで共有しやすく、読み込み速度も速いです。

- **自動再生：**
　GIFはWebページやSNSに埋め込むと自動的に再生されます。ユーザーが再生ボタンを押す必要がないため、手軽に視聴できます。

- **ループ再生**
　GIFは繰り返し再生されるため、短いアニメーションやリアクション画像に最適です。

- **音が出ない**
　GIFは音声を含まないため、音が出せない環境でも視聴できます。また、周囲の音を邪魔することがありません。

- **表現力**
　GIFは静止画よりも多くの情報を伝えることができ、動きで視覚的にアピールできます。

- **互換性**
　GIFはほとんどのWebブラウザやデバイスでサポートされているため、幅広いユーザーに視聴できます。

●自動再生・ループ再生

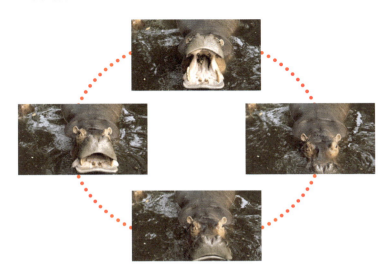

> 📝 **Note**
>
> ### 公式アシスタント「学ぶ」
> トップページのメニューから「学ぶ」をクリックすると、ビデオ作成や画像編集など、Adobe Expressの始め方、基本的な使い方から高度なテクニックまでをカバーするチュートリアルやガイドが揃っています。公式のアシスタントなので安心ですね。
>
>

04 便利で楽しいクイックアクション機能

SECTION 04-09
動画編集④
MP4に変換

互換性が高いMP4変換でスマホ・タブレット・PC、ストリーミングなどに

「MP4に変換」クイックアクションを使用すると、様々な形式の動画を迅速にMP4形式に高速変換できます。これにより、異なるデバイスやプラットフォーム間での互換性が向上し、スムーズな共有が可能になります。スマートフォン、タブレット、PCなど、あらゆるデバイスで再生できるようになります。

動画をMP4に変換する

1 カテゴリーの「ビデオ」から「MP4に変換」をクリック。

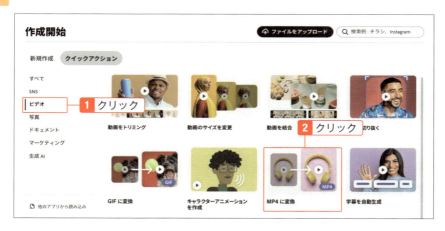

2 動画をドラッグ＆ドロップでアップロードする。

⚠ Check
対応ファイル形式
ファイル形式は「MOV」「AVI」「WMV」、ファイルサイズは最大1GBまで使用可能です。

3 タイムライン上でハンドルをドラッグし、開始位置と終了位置を調整する。その後、再生ボタンをクリックしてプレビューを確認完了したら「ダウンロード」をクリックしてデバイスに保存する。編集をする場合は、「エディターで開く」をクリックするとAdobe Expressの編集画面に移行する。

MP4のメリット

- **幅広い互換性**
  MP4は、最も広く普及している動画形式の一つです。スマートフォン、タブレット、パソコン、スマートテレビなど、ほぼすべてのデバイスで再生できます。
- **高画質・高音質**
  MP4は、高画質・高音質の動画を小さなファイルサイズで保存できます。そのため、動画の品質を維持したまま、ファイルサイズを小さくすることができます。
- **編集のしやすさ**
  MP4は、多くの動画編集ソフトに対応しています。そのため、MP4に変換することで、動画の編集が容易になります。
- **ストリーミング配信**
  MP4は、ストリーミング配信に適した形式です。YouTube、Vimeoなどの動画共有サイトや、オンライン学習プラットフォームなどで利用されています。
- **共有のしやすさ**
  MP4は、多くのSNSやWebサイトで共有できます。ファイルサイズが小さいため、アップロードやダウンロードがスムーズに行えます。

ファイル形式	MP4	MOV	AVI	WMV
開発元	MPEG	Apple	Microsoft	Microsoft
圧縮率	高い	低い	圧縮方式による	高い
画質	高い	高い	圧縮方式による	高い
ファイルサイズ	小さい	大きい	大きい	小さい
互換性	高い	高い (Mac)	高い	低い
ファイルサイズ	小さい	中くらい	データによる	小さい
主な用途	Web、モバイル	Mac、高画質動画	Windows、DVD	Windows、ストリーミング
備考	現在最も広く使われている動画フォーマット 多くのデバイスやソフトウェアで再生可能 ストリーミング配信に最適	Appleが開発したQuickTimeプレーヤーの標準フォーマット	Windowsで標準的に使われてきた古いフォーマット	Microsoftが開発したWindows Media Playerのフォーマット

Hint

ファイルをすぐに開く便利ワザ

　Adobe Expressで作成したコンテンツが増えると、目的のファイルを探すのが大変になることがあります。そこで便利なのが、各コンテンツに固有に割り当てられたURLアドレスを活用することです。

　作成中のファイルや頻繁に使用するファイルは、URLアドレスをコピーして保存したり、ブックマーク（お気に入り）に登録しておくと、ワンクリックで簡単にアクセスできます。

　なお、Adobe Expressからログアウトしている場合は、再度ログインが必要です。

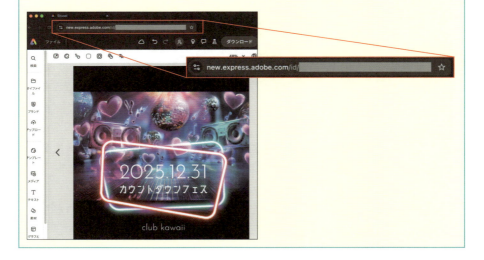

SECTION 04-10 動画編集⑤ 動画を結合

複数の動画をシームレスに結合

デバイスから結合したい動画や画像をアップロードし、必要に応じてトリミングや順序の調整を行うだけです、簡単にシームレスにまとめることができます。

複数の動画を結合する

1 カテゴリーから「ビデオ」または「SNS」を選択し、「動画を結合」をクリック。

⚠ **Check**

対応ファイル形式
ファイル形式は「MOV」「AVI」「WMV」、ファイルサイズは最大1GBまで使用可能です。

2 複数の動画をドラッグ&ドロップでアップロードする。動画は後から追加・削除も可能。

3 操作画面が開く。画面右部が設定パネルで、画面下部がオブジェクトパネル。

⚠ **Check**

設定パネル
レイアウトや消音(ミュート)の設定、ファイルの保存、ダウンロードなどを行います。

4 オブジェクトパネルのサムネイルから編集する動画をクリックし、「トリミング」をクリック。

5 タイムラインが表示される。ハンドルをドラッグし、必要な範囲を残してトリミングして開始位置と終了位置を調整する。

⚠ Check
正確な時間を指定する
設定パネルの開始・終了位置に数値を入力して、正確な時間を指定することも可能です。

6 「メディアを追加」をクリック。

7 デバイスの動画をアップロードし、アップロードした動画のサムネイルをドラッグ＆ドロップして順番を入れ替える。

⚠ Check

レイアウト
・横（16：9）YouTubeなどの動画
・縦（9：16）スマホ縦動画サイズ
・正方形（1：1）

8 「レイアウト」のプルダウンメニューで横・縦・正方形のいずれかを選択。音声を使用しない場合は「ミュート」をクリックしてオンにする。

9 再生ボタンをクリックしてプレビューで確認したら、「ダウンロード」をクリックしてデバイスに保存する。

⚠ Check

Adobe Expressで動画編集
　手順9で「エディターで開く」をクリックすると、Adobe Expressの編集画面に移行します。この画面で、タイトル文字や音楽・効果音を追加したり、場面の切り替えをドラマチックにするトランジション効果などを設定することで、プロのようなムービーに仕上がります。

SECTION 04-11 動画編集⑥ キャラクターアニメーションを作成

喋るキャラクターを簡単に作成してSNSで共有

誰でも簡単にキャラクターを喋らせるアニメーションを作ることができます。音声を録音またはアップロードするだけで、キャラクターがあなたの言葉に合わせて動き出し、SNSですぐに共有できるアニメーション動画が作成できます。

キャラクターアニメーションを作成する

1. カテゴリーから「ビデオ」または「SNS」を選択し、「キャラクターアニメーションを作成」をクリック。

📓 Note

多彩なキャラクター

ユニコーン、ロボット、動物など、様々なキャラクターが用意されており、好みのキャラクターを選択できます。キャラクターに喋らせたい言葉を録音するか、最大2分までの音声ファイルをアップロードするだけで、自動的にリップシンクして自然なアニメーションが作成されます。背景やキャラクターの変更も可能です。完成したアニメーションはSNS投稿に最適なサイズ（例：Instagramストーリーズに最適な9:16など）でダウンロードできます。

2. プレビュー画面で確認しながらキャラクターを選ぶ。

3 「背景」タブをクリックして表示し、背景を選ぶ。

⚠ Check
背景のカテゴリー
新着 / カラーと透明 / 季節 / 抽象 / 都会 / 教室 / 荒野 / 屋内 / 宇宙空間 / 娯楽 / 海の風景 / スポーツ

4 「サイズ」タブをクリックして表示し、サイズを選ぶ。

⚠ Check
サイズのカテゴリー
Instagram / Facebook / X（旧Twitter） / YouTube / Pinterest / Linkedin / Snapchat / TikTok / カスタム

5 ハンドルをドラッグして、キャラクターのサイズや位置を調整する。

💡 Hint
キャラクターアニメーションの活用イメージ
　キャラクターと背景を組み合わせることで、表現の幅が大きく広がります。例えば、ビジネスマンのキャラクターにオフィス背景を合わせれば、ビジネスシーンを表現するアニメーションを作成できますし、動物のキャラクターに森の背景を合わせれば、自然をテーマにしたアニメーションを作成できます。

04　便利で楽しいクイックアクション機能

145

6 直接録音するときは「録音」ボタンをクリック。

⚠ Check
高音質で録音
　画面下部の「音声を自動調節」をオンにすると、スタジオで収録したような音質で音声録音ができます。

7 カウントダウン後、録音が始まる。収録時間は2分まで。録音を終えるときは「完了」をクリック。

⚠ Check
音声ファイルをアップロードする
　音声ファイルをアップロードしてキャラクターアニメーションを作成することができます。プレビュー画面下部の「参照」をクリックして、デバイスから音声ファイルをアップロードします。
　対応ファイルは「MP3」「AIF」「WAV」「MP4」で、最大2分、1GBまで可能です。

8 作成処理が完了したら、プレビューを確認して「ダウンロード」をクリック。MP4ファイルをデバイスに保存する。

⚠ Check
作成したアニメーションを編集する
　編集をする場合は、手順8で「エディターで開く」をクリックするとAdobe Expressの編集画面に移行します。

無料で使えるAI音声サイト

　YouTubeやSNSなどの動画コンテンツにおいて、AI音声は非常に人気を集めています。

　人間の声を録音して音声を作成する従来の方法とは異なり、AI音声は、テキストを音声に変換する技術や、音声の特徴を学習して新しい音声を生成する技術を用いて作られます。

　例えば、「ゆっくり動画」や「ずんだもん」などがその代表例です。クオリティも肉声と見まがうほど向上し、最近では商品PRやビジネスコンテンツでも使われています。

　ここでは、インストールなしで使える便利なAI音声プラットフォームを紹介します。

　なお、ご利用の際は必ず、各プラットフォームの利用規約をよく読んでください。

●音読さん（https://ondoku3.com/ja/）

　テキストボックスに入力した文章を好みの声で読み上げる音声読み上げソフトです。AIとは思えないような滑らかな口調が特徴です。その場で音声を再生して確認するだけでなく、商用利用可能な音声ファイルをダウンロードできます。無料登録で毎月5000文字まで利用できます。

©音読さん

●にじボイス（https://nijivoice.com/）

　AIを活用した音声生成プラットフォームです。ユーザーがキャラクターを選択し、テキストを入力するだけで、喜び、悲しみ、怒りなど、様々な感情を表現した音声を簡単に作成できます。無料のフリープランで月間1000文字の利用が可能です。生成された音声は商用利用が可能ですが、クレジット表記が必要です。

運営：株式会社Algomatic

SECTION 04-12 QRコード生成

QRコードで情報共有をもっと簡単に

「QRコードを生成」機能を使えば、URL、テキスト、SNSアカウントなど、様々な情報をQRコードに変換して共有できます。生成したQRコードは、名刺、ポスター、SNSなど、様々なデザインに簡単に組み込むことができます。

QRコードを生成する

1. カテゴリーから「マーケティング」を選択し、「QRコードを生成」をクリック。

2. 入力欄に、URL、電話番号、メールアドレスなど、QRコードに変換したい情報を入力する(画面左側のプレビューには、入力内容がリアルタイムに反映される)。

04 便利で楽しいクイックアクション機能

3 「スタイル」タブをクリックし、ドット・マーカーを設定する（詳しくは次ページ「カスタマイズ可能なデザイン」を参照）。

4 「カラー」タブをクリックし、色を選択する。

5 「ファイル形式」タブをクリックし、PNG、JPG、SVGから選択する。

6 プレビューで結果を確認したら「ダウンロード」をクリックしてデバイスに保存する。編集をする場合は、「エディターで開く」をクリックするとAdobe Expressの編集画面に移行する。

カスタマイズ可能なデザイン

ドット：

QRコード内のドットの形を変更したり、角を丸くしたりすることができる

マーカー（枠）：

四隅の内3箇所にマークされているカメラの認識位置を示す印の外枠形を選べる

マーカー（中央）：

四隅の内3箇所にマークされているカメラの認識位置を示す印の枠内の形を選べる

Wi-Fi接続情報をQRコード化する方法

　Adobe Expressでは、QRコードを使って簡単にWi-Fiに接続できる仕組みを作成することができます。スマートフォンのカメラでQRコードを読み込むだけで、複雑な Wi-Fi設定を手入力する必要がなくなります。

　生成されたQRコードを印刷して共有したり、デジタルで共有したりすることができます。

　なお、QRコードを読み取るデバイスが、Wi-Fi接続情報に対応している必要があります。

WIFI :T:WPA;S:SSID名;P: パスワード;;

- **WIFI**： 固定値で、Wi-Fi接続情報であることを示す
- **T**： セキュリティタイプを指定する
  WPA、WEP、nopass（暗号化なし）のいずれかを入力する
- **S**： SSID（ネットワーク名）を指定する
- **P**： パスワードを指定する
- **;;**： これは固定値で、入力の終わりを示す

⚠ Check

入力例
・**入力する内容**
セキュリティタイプ…WPA
SSID…My Net work
パスワード…123456
・**入力する文字列**
WIFI:T: WPA;S:MyNetwork;P:123456;;

⚠ Check

Wi-Fiの情報

Wi-Fiの情報は、ルーター機の側面や底面に記載されています。

⚠ Check

その他の注意

・大文字と小文字は区別されます。SSIDとパスワードは正しく入力してください。
・特殊文字を含む場合は、正しくエンコードされていることを確認してください。

SECTION 04-13 字幕を自動生成

動画字幕をAIが自動作成

「字幕を自動生成」を使用すると、動画内の音声から自動的に字幕（キャプション）を作成できます。聴覚に障がいのある方や、ミュート状態の端末からの視聴、音声を聞けない環境にいる方でも、動画の内容を理解できるようになります。

動画に自動で字幕を生成する

1 カテゴリーから「ビデオ」を選択し、「字幕を自動生成」をクリック。

⚠ Check

対応ファイル形式

ファイル形式は「MOV」「AVI」「WMV」です。また、ファイルは1GB以下かつ5分以内である必要があります。

📓 Note

書き出された字幕は編集できる

動画の音声コンテンツを解析し、自動的に字幕を生成できます。日本語を含む100以上の言語に対応しています。生成された字幕は、テキストフィールドで編集可能で、字幕のスタイル（フォント、サイズ、配置など）や色もカスタマイズでき、ブランドやデザインに合わせた調整が可能です。

2️⃣ 「動画内で話されている言語」のプルダウンメニューから言語を選択し、動画をドラッグ＆ドロップでアップロードする。

⚠ Check

設定できる言語
対応している言語は以下の通りです。

日本語	ドイツ語	英語（英国）
イタリア語	ノルウェー語	英語（米国）
オランダ語	ヒンディー語	韓国語
スウェーデン語	フランス語	広東語（繁体字）
スペイン語	ポルトガル語	中国語（簡体字）
デンマーク語	ロシア語	中国語（繁体字）

3️⃣ 自動でキャプションが生成され、プレビュー画面に表示される。「スタイルを選択」から選択して、キャプションのスタイルを変更できる。

4 キャプションの内容やタイミングを編集する場合は、タイムラインのバーをキャプションを表示したい目的の位置までドラッグで移動させてから、画面右上の「キャプションテキストを編集」に入力する。

5 プレビューで結果を確認したら「ダウンロード」をクリックしてデバイスに保存する。編集をする場合は、「エディターで開く」をクリックするとAdobe Expressの編集画面に移行する。

04-14 本格的なロゴを自動で作成できる「ロゴメーカー」

AIで簡単にロゴ作成

「ロゴメーカー」は、AIを活用することで、誰でも簡単にプロのようなロゴを作成できるツールです。サービス名やキャッチフレーズを入力し、好みのスタイルを選ぶだけで、AIが、あなたのブランドに合った多彩なロゴデザインを自動生成します。生成されたロゴは、色やフォント、アイコンなど自由に変更してカスタマイズでき、ブランドイメージに合わせて細部まで調整することが可能です。

ロゴを作成する

1 カテゴリーから「マーケティング」を選択し、「ロゴメーカー」をクリック。

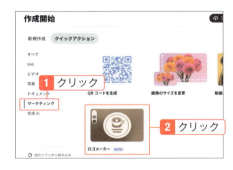

2 「ロゴについての詳細」に、会社名または組織名及びキャッチフレーズ（任意）を入力し、「次へ」をクリック。

3 手順2の画面で入力した内容に沿ったアイコンが提案されるので、使いたいものがあればクリック。画面右下の「スキップ」をクリックして飛ばすことも可能。

⚠ **Check**
商用利用も可能
ここに表示されるアイコンはAdobe Stockの素材であり、商用利用も可能です。

157

💡Hint

キーワードからアイコンを表示

手順2で入力した内容とは関係なく、検索窓にキーワードを入力してアイコンを表示することもできます。例えば「フクロウ」と入力すると、該当するアイコンが表示されます。

4 ロゴのイメージを「スタイルでフィルター」から選択。

1 クリック

⚠ Check

イメージの種類

イメージは「ミニマル」「太字」「エレガント」「オーガニック」の4種類があります。それぞれクリックするごとに、右側に表示されるロゴの候補が変わります。

5 「希望するカラー」から色を選択。クリックするたび、右側に表示されるロゴの候補のベースカラーが変わる。色を選択したら、使いたいロゴをクリック。

1 クリック　　2 クリック

6 ロゴが自動的に完成する。

7 別のロゴにしたいときは、「>」をクリックすると次の候補が生成される。

8 完了したら「ダウンロード」をクリックしてデバイスに保存する。編集をする場合は、「さらに編集」をクリックするとAdobe Expressの編集画面に移行する。

04-15 写真を組み合わせて簡単にコラージュを作成する

レイアウトは自動配置、写真サイズ調整や位置変更も簡単

「コラージュメーカー」は、複数の写真を選択し、豊富なレイアウトやデザインオプションを活用して、オリジナルのコラージュを手軽に作成できる機能です。ドラッグ＆ドロップの簡単な操作で、SNS投稿やプレゼン資料など、様々な用途に合わせたビジュアルを作成できます。

コラージュを作成する

1 カテゴリーから「写真」を選択し、「コラージュメーカー」をクリック。

> **Note**
>
> **コラージュメーカー**
>
> 　デバイスから写真をアップロードし、好みのレイアウトを選択するだけで、見栄えの良いコラージュを作成できます。レイアウトは自動的に提案され、必要に応じてシャッフルすることで、最適な配置を見つけることが可能です。さらに、各写真のサイズ調整や位置変更も簡単に行えます。作成したコラージュは、デバイスにダウンロードしたり、さらに編集して独自性を加えることも可能です。このツールは、SNS用の画像作成やプレゼンテーション資料の作成など、多様なニーズに応える便利な機能です。

2 ドラッグ＆ドロップで複数の画像をアップロードする。

3 自動的にコラージュ画像がレイアウトされる。「レイアウトをシャッフル」をクリックするたびにレイアウトが変わる。

画像枠のサイズを変更してレイアウトを調整する

1 変更したい画像をクリックする。

2 画像枠の辺上のハンドルを上下に動かして、画像の天地の枠サイズを変更する。

3 画像枠の辺上のハンドルを左右に動かして、画像の左右の枠サイズを変更する。

コラージュ内の画像を別の画像に差し替える

1 変更したい画像をクリックするとメニューが表示されるので、「置換」をクリック。

2 デバイスから新しい画像をアップロードする。

レイアウトはそのままで枠内の画像のサイズや位置を変更する

1. 変更したい画像をダブルクリック。

2. 画像をドラッグして位置を調整する。

3. 四隅のハンドルで画像のサイズを変更する。この際、レイアウトは変化しない。

4. 完了したら「ダウンロード」をクリックしてデバイスに保存する。編集をする場合は、「さらに編集」をクリックするとAdobe Expressの編集画面に移行する。

SECTION 04-16 多様なファイル形式をPDFに変換する

簡単操作でPDF変換

PDF変換機能を使えば、Word、Excel、PowerPoint、画像ファイルなど、様々な形式のファイルを簡単にPDFに変換できます。複数のファイルを一つのPDFにまとめることも可能です。

ファイル形式を変換する

1 カテゴリーから「ドキュメント」を選択し、「PDFに変換」をクリック。

> ⚠️ **Check**
> **変換できる主なファイル形式**
> ・Word（docx）
> ・Excel（xlsx）
> ・PowerPoint（pptx）
> ・PNG、JPGなどの画像ファイル

2 Word、Excel、PowerPointまたは画像ファイルをドラッグ＆ドロップする（ここではWordのドキュメント）。

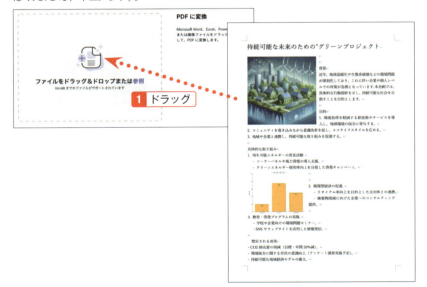

3 プレビューが表示される。プレビューの右側にページサムネイルが表示されており、クリックして移動できる。

4 画面左側のツールバーや、テキストなどを選択すると表示されるポップアップメニューで、画像の追加・削除、テキストの修正、文字飾り編集などをプレビュー画面上で直接行うことができる。

5 編集が完了したら「ダウンロード」をクリックしてデバイスに保存する。

SECTION 04-17 PDFを編集する

閲覧専用のPDFファイルを簡単に編集

PDFファイルをアップロードするとAdobe Expressに変換され、自由にカスタマイズができるようになります。データはマイファイルに保存されます。

PDFをAdobe Expressで編集する

1. カテゴリーから「ドキュメント」を選択し、「PDFを編集」をクリック。

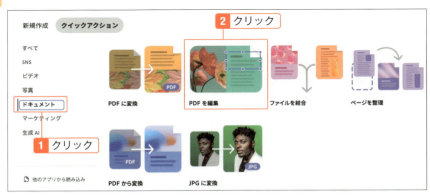

2. PDFファイルをドラッグ&ドロップしてアップロードする。

3 ファイル変換が始まる。

4 ファイル変換が終わったら「開く」をクリックする。

5 Adobe Expressの編集画面に切り替わり編集が可能になる。

PDFから他形式へ変換する

PDFをWord、Excel、PowerPoint、PNG、JPGなどの形式に簡単変換

「PDFから変換」機能を使用すると、PDFファイルをWord、Excel、PowerPoint、リッチテキスト形式、または画像ファイル（PNG、JPG）など、様々な形式に簡単に変換できます。これにより、PDFの内容を他のアプリケーションで編集・再利用することが可能になります。

Office形式や画像ファイルに変換する

1. カテゴリーから「ドキュメント」を選択し、「PDFから変換」をクリック。

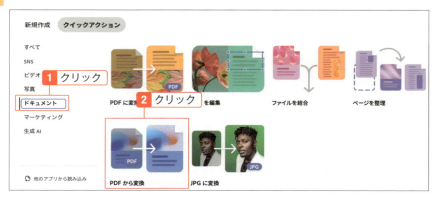

2. PDFファイルをドラッグ＆ドロップしてアップロードする。

3 アップロードが完了するとプレビュー画面になる。

4 プレビュー画面でテキスト装飾やコメントの追加ができる。

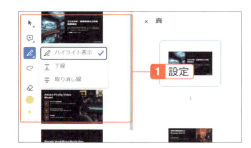

5 変換するファイル形式を選択。

6 「ダウンロード」をクリックしてデバイスにダウンロードする。

SECTION 04-19 異なる種類のファイルを結合して一つのPDFにする

クイックアクションでファイルを簡単に結合

PDF、Word、Excel、PowerPoint、画像ファイルなど、様々な種類のファイルをドラッグ＆ドロップ操作で簡単に一つのファイルにまとめることができます。

ファイルを結合する

1. カテゴリーから「ドキュメント」を選択し、「ファイルを結合」をクリック。

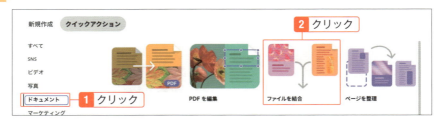

2. 複数のファイルをドラッグ＆ドロップでアップロードする。対応している形式は「PDF」「Word」「Excel」「PowerPoint」及び画像ファイル（PNG、JPG）。

3. 結合が完了したら「ダウンロード」をクリック。

Chapter

05

生成 AI 機能

Adobe Expressは、画像生成AI「Adobe Firefly」を搭載し、テキストから画像を簡単に生成したり、既存の画像を編集したりすることができます。Webアプリ版のFireflyよりもさらに手軽にAI機能が使える点が特徴です。

この章では、Adobe ExpressのAI画像生成機能の使い方を、初心者の方でも安心して活用できるように分かりやすく解説していきます。

Adobe Expressの手軽なAI機能

初心者も安心のAI画像生成

AI画像作成が初めての方でも、Adobe Expressを使えば安心して始められます。画像生成AI「Adobe Firefly」を搭載しており、プロンプトを入力するだけで、イメージ通りの画像を簡単に生成できます。また、直感的な操作性により、誰でもスムーズにAI画像作成を体験できます。

AIを使ったことがなくても簡単

● シンプルなプロンプト入力

テキストで「森の中の幻想的な夜景」などの指示を入力するだけで、AIが自動的に画像を生成します。絵心やデザインスキルがなくても、プロフェッショナルな画像を作成できます。

● 直感的な操作

ドラッグ＆ドロップで編集が可能です。画像の調整、色変更、テキストの追加なども簡単に行えます。初心者でも迷うことなく、AI生成画像を自由にカスタマイズできます。

さらに、Web版のFireflyについても本書で詳しく解説していますので、本格的に利用をお考えの方はChapter08～10を参照してください。

プロンプトを入力するだけ

「プロンプト」とは、AIに対して生成してほしいコンテンツを指示するためのテキスト入力のことです。例えば、画像生成AIの場合、プロンプトを使って描いてほしい被写体やスタイル、雰囲気などを指定します。

▲Adobe Expressでは「生成したい内容を説明してください」と表記されている

「海辺の夕日」や「未来的な都市」といった簡単な指示を入力すると、AIが即座にそのイメージに合った画像を生成します。さらに、画風やスタイルを指定することも可能です。特別なデザインスキルや知識は一切必要ありません。

◀プロンプト：海辺の夕日

◀プロンプト：荒廃した未来都市

画像を生成する

1. ワークスペースを開き「メディア」をクリック。

2. 操作パネルの「画像を生成」をクリックし、画像サイズを選択。

3. 「画像を生成」の操作パネルに切り替わる。

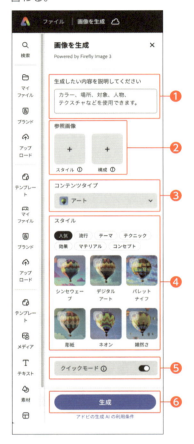

❶プロンプト入力欄
❷構成参照
❸コンテンツタイプ
❹スタイル
❺クイックモード（Fireflyの高速モードと同じ機能）
❻生成実行ボタン

4 プロンプトを入力し、コンテンツタイプを選ぶ。

> ⚠ **Check**
>
> **プロンプトは具体的に**
> プロンプトは、詳しく記入すると画像のクオリティが上がります。詳しくはSECTION10-02を参照してください。

⚠ **Check**

コンテンツタイプ

Adobe Expressの画像生成機能では、以下の4つのコンテンツタイプを選択できます。

自動：特定のスタイルを指定しない場合、AIが最適なスタイルを自動的に選択する
写真：リアルで高品質な写真スタイルの画像を生成する
グラフィック：イラストやアイコンのような、シンプルでフラットなデザインの画像を生成する
アート：芸術的で創造性豊かなスタイルの画像を生成する

5 設定が済んだら下部の「生成」をクリック。

05 生成AI機能

6 タイプが違う4つの画像が生成された。

1 確認

> 💡 **Hint**
>
> **イメージと違う場合**
>
> 一つのプロンプトから、4つの画像が生成されます。イメージと違ったときは「さらに生成」をクリックすると、新たに4つの画像が生成されます。

画像を参照してイメージを近づける

1 参照画像の「スタイル」内の（+）をクリックし、画像をアップロードする。

1 クリック
2 設定

> 📖 **Note**
>
> **構成参照**
>
> Adobe Expressに搭載されたFireflyには「構成参照」という便利な機能があります。既存の画像をアップロードして参照させることで、AIが構図やポーズ、色遣いやタッチを参照します。
>
> なお、参照に使用する画像は、著作権フリーの画像や許可を得た画像である必要があります。

> 💡 **Hint**
>
> **参照させた画像の雰囲気になる**
> 　スタイル参照機能を使うと、お手本となる画像の雰囲気に似た画像を作ることができます。
> 　例えば、水彩画風の画像を参考にすると、生成される画像も水彩画のようなタッチになります。また、昔のアニメ風の画像を参考にすると、生成される画像もレトロなアニメのような雰囲気になります。

2 参照画像の「構成」内の（＋）をクリックし、画像をアップロードする。

> 💡 **Hint**
>
> **参照させた画像と同じ構図になる**
> 　構成参照機能を使うと、お手本となる画像の構図を真似た画像を作ることができます。
> 　例えば、人物が中央に配置されている写真を参考にすると、生成される画像にも人物が中央に配置されます。また、建物が斜めに配置されている写真を参考にすると、生成される画像でも建物が斜めに配置されます。

3 スタイルを選ぶ（任意）。複数選択も可。

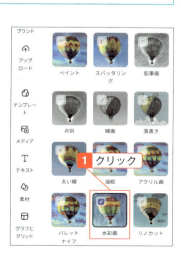

> 📝 **Note**
>
> **スタイル**
> 　画像生成における「スタイル」とは、画像の見た目や雰囲気を決定づける要素のことです。Adobe Expressには、「写真」のようなリアルなスタイル、「アニメ」のようなイラスト調のスタイル、「水彩画」のような絵画調のスタイルなど、様々なスタイルがプリセットとして用意されています。

4 設定が終わったら「生成」をクリック。

5 4つの画像が生成された。

💡 Hint

生成された画像
　ポーズは完璧に再現されています。タッチなどはスタイルにアップロードする画像と効果の掛け合わせになるので、試行錯誤が必要です。

SECTION 05-02 オブジェクトの挿入と削除

自然な形で画像に新しい要素を追加したり消したりできる

この機能を使うことで、画像に新しいオブジェクトを直感的に追加したり、削除することができます。アップロードした画像に必要な要素を簡単に挿入でき、あたかも元からそこに存在していたかのような自然な仕上がりが得られます。なお、同じ機能はFireflyのWeb版にも搭載されていますが、Adobe Express内で使用すれば、そのまま編集を続けて作品を完成させることが可能です。

画像にオブジェクトを挿入する

1 作業中の画像を選択し、「オブジェクトを挿入」をクリック。

2 プロンプト欄に挿入したいオブジェクトを入力。続いてブラシサイズを設定し、挿入したい箇所を塗りつぶす。完了したら「挿入」をクリック。

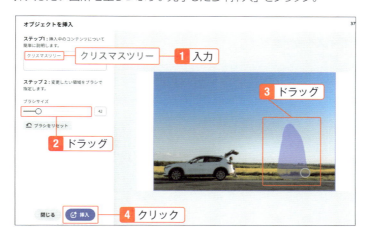

3. 提案される3つの画像から一つを選んで「保存」をクリック。

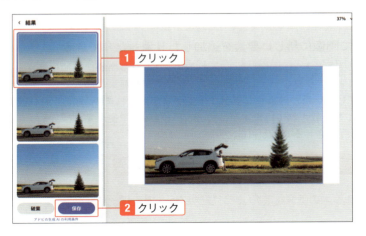

画像のオブジェクトを削除する

1. 作業中の画像を選択し、「オブジェクトを削除」をクリック。

2. ブラシサイズを設定する。

3. 削除したいオブジェクトを塗りつぶす。

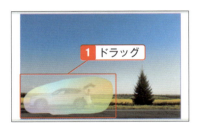

4 「削除」をクリック。

5 オブジェクトを削除した画像が3つ提案される。一つを選んで「保存」をクリック。

画像のオブジェクトを編集する

1 作業中の画像を選択し、「オブジェクトを挿入」をクリック。

181

2 ブラシサイズを設定し、編集したいオブジェクトをブラシで塗りつぶす。

3 プロンプト欄に編集したい内容を入力し、「挿入」をクリック。

⚠️ Check

編集もできる
　生成塗りつぶしは、挿入や削除だけでなくプロンプトを入力することで、オブジェクトを編集することもできます。

4 オブジェクトを編集した画像が3つ提案される。一つを選んで「保存」をクリック。

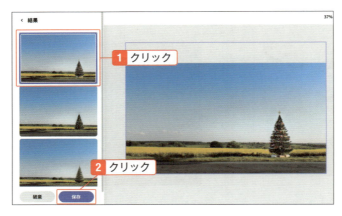

AIで画像を自然に生成拡張

横長画像を縦長へ、SNS投稿にも嬉しい機能

「生成拡張」機能は、AI技術を活用し、画像のサイズや比率を変更する際に、周囲の背景やオブジェクトを自然に補完します。画像の雰囲気を損なうことなく、様々なプラットフォームに合わせてサイズを調整できます。

画像をの周囲や背景を補完して生成する

1 画像上部の「サイズ変更」をクリック。

2 サイズ変更パネルの「拡張」にチェックを入れる。

⚠ Check

画像の補完
　「拡張」にチェックを入れると、AI技術を活用して画像のサイズや比率を変更する際、周囲の背景やオブジェクトを自然に補完します。チェックをしていない場合、画像の補完が行われない状態でサイズ変更されます。

3 変更したいカンバスサイズを設定し、「サイズ変更」をクリック。

4 拡張した画像が3つ提案される。一つを選んで「保存」をクリック。

SECTION 05-04 自動でテンプレートを生成

AIがデザインテンプレートを自動生成

「テンプレート生成」機能は、AIを活用し、用途に合ったデザインテンプレートを自動的に作成します。ユーザーが情報を入力するだけで、AIが最適なテンプレートを提案します。

テンプレートを作成する

1 左のメニューから「テンプレート」をクリックし、テンプレートの操作パネルの「テンプレートを生成」をクリック。

⚠️ **Check**
テンプレートの作成画面
「テンプレートを生成」機能は、いくつかの方法で始めることができます。ここではワークスペースから作る方法を解説します。

2 テンプレートサイズを選ぶ。

⚠️ **Check**
テンプレートのサイズ
右図のテンプレートを設定可能です。

3. プロンプト入力欄に、作りたいイメージ（チラシ、SNS投稿・色のイメージ・カジュアルや高級感）などを入力。使用する画像があるときは、デバイスから画像をアップロードする。設定が終わったら「生成」をクリック。

4. 4つのテンプレートが提案されるので、気に入ったテンプレートをクリック。もっと試したいときは「その他の結果を生成」をクリック。

5. 必要に応じて、Adobe Expressのワークスペースで編集をする。

SECTION 05-05 AIでテキストに効果を追加

生成AIでユニークなテキストをデザイン

「テキスト効果を生成」機能は、SNSの投稿、ポスター、プレゼン資料、招待状など、多様な用途で活用可能です。視覚的なインパクトを与える効果的なテキストデザインを簡単に生成できるため、初心者からプロまで、幅広いユーザーにとって便利なAdobe Expressオリジナルのツールです。

テキストデザインを生成する

1. テキストオブジェクトを選択し、操作パネルの「テキスト効果を生成」をクリック。

2. オリジナルの効果を生成するときはプロンプトを入力(例:和風の紅葉柄、極寒の雪)。必要に応じて文字装飾を選択。プリセットされた「効果」を使う場合は、サンプル効果から選ぶ。

Hint

スタイルの設定

「フォントをカスタマイズ」の下にある「スタイル」でタッチを設定できます。「写実的」「装飾的」「鉛筆画」「ネオン」「カラーペン」から選択できます。

3 設定が終わったら「生成」をクリック。

4 テキストが生成される。

Chapter

06

魅力的なコンテンツを
作ってみよう

Adobe Expressは、デザイン初心者にとって心強いサポート
ツールです。この章では、このツールの機能を最大限に活用
し、少しの工夫でコンテンツを格段に魅力的にする方法を解説
します。

ターゲットを意識したデザインでメッセージを効果的に届ける
コツや、動画や画像を使って感動を演出するポイントなど、
様々なコンテンツをより魅力的に仕上げるステップをご紹介し
ます。

ターゲティングで効果を上げるデザインにする

デザインには"目的"があり効果が求められる

Adobe Expressは、デザイン作業を強力にサポートするツールです。デザインには、情報を伝える、集客を促す、物を販売するなど、明確な目的があります。こうした目的を達成する「効果的なデザイン」を作成するには、事前に「ターゲティング」を行うことが不可欠です。

ターゲットを意識した効果的なデザインを

魅力的なデザインを作成するには、美的要素だけでなく、明確なターゲティングが欠かせません。ターゲットに効果的に情報を伝えるためには、Why（なぜ）、Who（誰に）、What（何を）、How（どうやって）伝えるのかを明確にし、そのターゲット層の年齢、性別、興味関心、ライフスタイルなどを深く理解することが重要です。ここでは、初心者が意外と見落としがちな、Whoをフィーチャーします。

●ターゲティングで考慮すべき要素

基本情報 — 年齢・性別・家族構成など

地理的要因 — 居住地区、学校、職場 都心、郊外など

ライフスタイル — どのような生活を送っているのか

課題・ニーズ — どのような課題、困りごとがあり、どんなニーズがあるのか

興味関心 — どのようなことに興味を持っているのか

事前のターゲティングは、プロジェクトの成功に大きく影響を与える重要なポイントです。上図で挙げた「ターゲティングで考慮すべき要素」を確認してみましょう。

例えば、リーズナブルな化粧品を販売する場合、ターゲットの基本情報として10代後半から20代前半の女性を設定することが考えられます。この際、学生を含む幅広い層を視野に入れる必要があります。その上で、さらに具体的な要

素を検討していきます。彼女たちはどのようなライフスタイルを送っているのか、何に興味や関心を持っているのか、また、どのような悩みを抱えているのかを掘り下げていきましょう。ターゲットに合ったテンプレートや素材の選択も、成功のカギとなります。

　Adobe Expressでは、化粧品の広告に特化したテンプレートや、若い女性に好感を持たれる素材が豊富に揃っています。これらを活用することで、より効果的なプロモーションが可能になります。

▲化粧品のテンプレートの例

ペルソナを設定するともっとデザインが定まる

　ターゲティングをより深く理解し、効果的なデザインを作成するために、「ペルソナ」の設定が役立ちます。ペルソナとは、デザインの対象となる「架空の理想的な顧客像」のことです。ターゲティングで顧客層を絞り込んだ後、さらに効果的なデザインを作成するために、理想の顧客像を具体的にイメージします。

　例えば、新しいカフェのチラシを作成する場合、ターゲットを「カフェに行くのが好きな20代の女性」と設定したとしても、20代の女性には様々な人がいます。
　そこで次ページのペルソナ設定をします。

東京都内の〇〇大学2年生で、友達とよくカフェに行くのが好きな佐藤葵さん（20歳）。広島県出身で、東京で一人暮らしをしており、学費と家賃は親からの援助を受けているが、お小遣いはファストフード店でのアルバイトで賄っている。

▲佐藤葵さん（仮名）歳 大学生

ペルソナの必要性

　前述の通り、具体的な人物像（ペルソナ）を設定することが重要になります。ペルソナを作ることで、デザインのターゲットが明確になり、より効果的なデザインを作成することができます。

　例えば、前述の佐藤葵さんをペルソナとして、彼女の目に留まり来店してくれるようにイメージして、チラシのデザインを考えてみましょう。

　チラシに以下のような工夫をすることで、佐藤葵さんの目に止まりやすく、来店してもらえる可能性が高まります。

・学生向けの割引クーポンを付ける
・友達とシェアできるようなデザートの写真を大きく載せる
・デザインの配色は、佐藤葵さんの好みに合わせて、パステルピンクなど、明るく可愛らしい色使いにする

ペルソナによるデザインの参考例

各ペルソナの「年代・ライフスタイル・行動特性」などを具体的に設定し直し、それぞれに合ったデザイン・ビジュアル要素・配色・意識するポイントをまとめています。テンプレートや素材選びの際にぜひ参考にしてください。

ペルソナ	20代前半 SNSヘビーユーザー トレンドに敏感な女性	30〜40代 多忙なビジネスパーソン (管理職・フリーランスなど)	オーガニック志向の 40代前半の母親 (小学2年生と幼稚園児を育てる)	70代 孫がいるシニア女性 (地域コミュニティに積極参加)
好むデザイン例	明るくポップなレイアウト 大きめの写真やイラスト	シンプルで洗練されたレイアウト 無駄を省いたスタイリッシュな印象	ナチュラルで落ち着きのあるデザイン 手作り感や温もりを感じる雰囲気	落ち着いたデザイン 文字が大きめ
ビジュアル要素 (写真・イラスト)	ファッションやコスメ、カフェなどのトレンド感ある写真 可愛いキャラクターや手書き風イラスト	ビジネスシーンを連想させる写真やアイコン プレゼン風景、デスクワークなどのイメージ	自然や植物、家庭菜園などの写真 優しいタッチのイラストやアイコン	日常生活や家族とのふれあいがイメージできる写真 優しい印象のイラスト
配色	パステルカラーやピンク系などカラフルで鮮やかな色合い	グレーやブルー系など落ち着いたカラーリング 必要に応じてアクセントカラーを一点入れる	緑・茶・生成り色など自然を連想させるカラー パステルトーンも有効	淡いトーンやアースカラーなど安心感のある色味
意識するポイント	写真が映える余白を確保 丸みのある柔らかいフォント ポップなグラフィック要素でアクセントを付ける 「映え」を意識したレイアウト	短時間で情報を得やすい箇条書きやアイコンを活用 読みやすいサンセリフフォント 全体の統一感を出すシンプルな配色 視認性の高いレイアウトでビジネス感を強調	健康的・安心感を重視するコピーやビジュアル 環境配慮やサステナビリティを意識した要素 フォントは読みやすく、やや柔らかい印象を演出 手書き風装飾や葉っぱアイコンでオーガニック感をプラス	文字サイズと背景色のコントラストをしっかり確保 日本語で見やすいフォント(ゴシックや明朝体など) 要点を分かりやすくまとめ、読みやすさを最優先に考える 写真は笑顔や生活シーンを活用

SECTION 06-02 効果的なチラシを作る

ペルソナを設定してチラシを作成

SECTION06-01のターゲティングとペルソナを元にして、新規オープンするパン屋さんのチラシを作成する手順を解説します。Adobe Expressの特性を活かして、テンプレートをカスタマイズします。

ターゲティングとペルソナを設定する

● 伝えたいこと

店名：デザインベーカリー 2025年1月27日OPEN！
～オープン記念～ 1月27日（月）～29日（水） パン全品20％OFF！
ビジネス街にオープンするバターにこだわり抜いたクロワッサンが自慢のベーカリー。
イートインスペースで、淹れたてのコーヒーと共に、パンの香りあふれる至福の時間を過ごせる。

▲こだわりのクロワッサン

▲イートインスペース

● ターゲティング

年齢層：20代後半～40代のビジネスパーソン
地理的要因：店舗周辺のオフィスビルに勤務している人
興味関心：
リラクゼーション、カフェ、読書、音楽、インテリア、自然、オーガニック
ライフスタイル：
・平日は仕事で忙しく、休日は趣味やリラクゼーションに時間を使う
・都会の利便性を享受しつつも、自然や静けさを求めている

ニーズ：
・仕事のストレスを解消したい
・忙しい毎日の中で、ほっと一息つける場所が欲しい
・心身ともにリラックスしたい
・自分と向き合う時間を作りたい
・都会の喧騒から離れて、静かな時間を過ごしたい
・ナチュラルで健康的なものを求めている

● ペルソナ設定

　ターゲティングから、以下のようなペルソナを設定しました。

新宿のIT企業で働く田中夕子さん（32歳）。仕事が多忙で休日はよくオーガニックカフェ巡りを楽しんでいる。肩こり、睡眠不足に悩んでいる。地元は山梨県で自然豊かな環境で育ち、リラクゼーションやナチュラル志向に敏感になった。

▲田中夕子さん（仮名）32歳

クロワッサンの魅力を最大限に！オープンセールを彩るテンプレート選び

　忙しいIT企業勤務の田中夕子さん（32歳）が魅力を感じるよう、2025年1月27日のオープンと3日間限定の20％OFFキャンペーンを大きく打ち出すのがポイントです。

　平日忙しく働くビジネスパーソンの目を引き、「ここで一息つきたい」と思わせるチラシに仕上げましょう。

　カラーはカスタマイズできるので、レイアウトを中心に探しましょう。

1 チラシの制作画面でメニューの「検索」をクリックし、検索窓にキーワードを入力。

> 💡 **Hint**
>
> **テンプレートの探し方のコツ**
> ・ペルソナの人物が好むようなデザインを探す
> ・キーワードはお店のジャンルだけでなく、ペルソナの好みに合わせる。例えば今回の場合は美容・ファッションなど、飲食店のジャンルも視野に入れて探すと、より良いテンプレートが見つかることがある
> ・カラー、写真、フォントなどを後からカスタマイズできるため、初期段階ではレイアウトを重視してテンプレートを選ぶことが重要

2 テンプレートをクリック。

3 写真・文字をカスタマイズする（左側が元のテンプレート、右側がカスタマイズしたデザイン）。

💡Hint

配色を考える

　背景色としてネイビーを用いることで都会的な雰囲気を演出し、クロワッサンの焼き色やバターの濃厚さを際立たせています。さらに、ベージュやゴールド系のカラーを差し色として使うことで、バターの味わいを強調するとともに高級感をプラス。割引キャンペーンの告知にはレッドを使い、視認性とインパクトを高めています。

◀ ターゲティングを元にした配色

文章が苦手でも大丈夫！AIによるテキスト書き換え

　Adobe Expressの機能「テキストの書き換え」は、AI技術を活用して、既存のテキストをワンクリックで言い換えたり、短縮・延長、トーンの変更を行うことができます。これにより、コンテンツの質を向上させながら、制作時間を短縮することが可能です。

　今回作成するチラシは、説明文の文字量が多すぎるので、この機能を使って文字量を減らすことにします。

1 説明文のテキストをクリックし、表示されたタスクバーの「書き替え」をクリック。

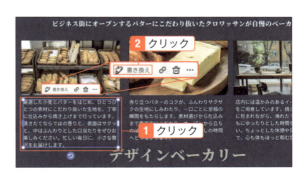

2 表示されたメニューの「短くする」を選択し、「生成」をクリック。

3 短くなった文章が複数生成される。

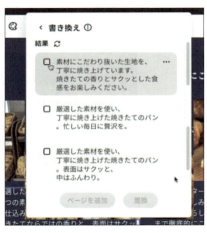

4 使いたい文章にチェックし、「置換」をクリック。

5 他の箇所の文章も短く書き換え、デザインを完成させる。

📔 Note

テキストの書き換えはAI機能

「テキストの書き換え」機能は、AIの力を活用して、ユーザーがデザイン内のテキストを簡単に編集・改良できるツールです。

言い換え：選択したテキストを別の表現に置き換え、より多様な表現を提供する
短くする：冗長な文章を簡潔にまとめ、読みやすさを向上させる
長くする：短い文章に詳細を加えて、情報量を増やす
文の印象を変える：目的に応じて文章の雰囲気を調整する

SECTION 06-03 AI翻訳機能でインバウンド対応のメニューにする

多言語メニュー作成を簡単に

AI翻訳機能を活用すれば、外国語に対応したレストランやカフェのメニューを簡単に作成できます。デザイン内のテキストを自動翻訳し、各国の観光客に親切なインバウンド対応を実現。フォーマットを保ちながら、多言語のメニューを効率的に準備できます。

ターゲットを意識した効果的なデザインを

　インバウンド需要が高まる中、外国語対応のメニューはお店の重要なアセットです。Adobe ExpressのAI翻訳機能は、テキストをデザインに合わせた形で自動翻訳し、英語、中国語、韓国語などの多言語メニューを簡単に作成可能です。まず、既存のメニューをアップロードし、翻訳したいテキスト部分を選択。AIが翻訳後、レイアウトやフォントを調整し、見栄えも整えます。また、フォーマルやカジュアルなど語調を選ぶことで、ターゲットとなるお客様に合った表現にカスタマイズ可能です。このツールを使えば、インバウンド観光客のニーズに迅速に対応し、訪日外国人の満足度向上を図ることができます。

メニューを翻訳する（例：ラーメン屋）

1 翻訳するメニューを開く。

⚠ Check

簡単に開く

　メニューがPDF及びPowerPoint形式のファイルの場合は、トップページにファイルをドラッグ&ドロップすると開くことができます。

2. 上部のメニューバーの「翻訳」をクリック。

3. 表示された翻訳パネルで「翻訳先」をクリック。

4. 翻訳先の言語を選択し、「翻訳」をクリック。

⚠ Check

複数の言語で翻訳する

手順4で複数の言語を選択していると、選択した言語の分、翻訳したメニューが作成されます。

5️⃣ フォントは言語に合わせて変更される。文字化けが発生することがあるのでよく確認する。

💡Hint
翻訳例

▲元のメニュー　　▲中国語

▲韓国語　　▲英語

SNS投稿：バズるミーム動画

SNSで注目を集める動画を簡単作成

Adobe Expressを使用すれば、初心者でも簡単にミーム動画を作成できます。テンプレートを選び、素材をアップロードするか、Adobe Stockから適した画像や動画を選びます。その後、テキストやエフェクトを追加するだけで、ユーモアやインパクトのある作品が完成します。SNSで話題を呼ぶオリジナルミームを作成してみましょう。

ミーム動画とは

ミーム動画は、インターネット上で流行のネタや画像を面白く編集した短い動画です。数秒から数分程度で、笑いや共感を誘う内容が特徴です。

SNSでの拡散力が高く、多くの人に見られることで流行が生まれます。アニメ、映画、日常の出来事など、素材は様々です。

例えば、写真で一言のような大喜利、映画のセリフを面白く改変したり、動物の動画にコミカルな効果音を加えたり、日常の失敗を自虐的に表現したりします。

テンプレートから動画を作成する

1 縦型動画（Instagramリール・TikTokなど）の新規作成ページで、「メディア」＞「動画」をクリックし、動画を選択。

> ⚠ **Check**
> **自分の動画を使う**
> 「デバイスからアップロード」をクリックして、自分の動画を使うこともできます。

2 一つ目の動画（ここでは子猫）を貼り付けた。

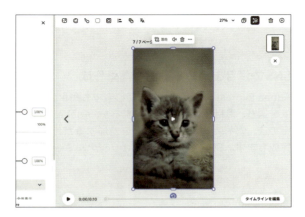

3 動画を選択した状態で「背景を削除」をクリック。

⚠ Check

2分以内の動画のみ
尺が2分以内の動画のみ、背景を削除することができます。

4 二つ目の動画（ここではダンス）を貼り付ける。動画を選択し、「背景を削除」をクリック。

5 ダンス動画の背景が削除された。

6 背景用の写真を貼り付け、レイヤーの最背面に移動する。

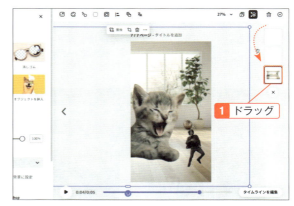

7 動画のタイムラインに合わせテキストや効果音をセットする。

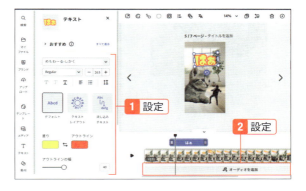

> 💡**Hint**
> **アニメーションを付ける**
> 　動画オブジェクトにアニメーションを付けると、コミカルで効果的です。タイムラインとアニメーションについては、SECTION03-05を参照してください

●作成例

❶スタート

❷踊りながらダンサーが落ちてくる

❸子猫のあくびに合わせてセリフ

❹子猫が伏せに合わせてPOW

❺跳ばされるダンサー

SECTION 06-05 ドラマチックなウェルカムボードを作る

写真加工とAIをうまく使おう

専用のグラフィックアプリを使わなくとも、Adobe Expressの機能を駆使すれば、ウェルカムボードのようなドラマチックなデザインを作成できます。このセクションでは実例を示して作り方を解説します。

記念写真をドラマチックに演出するには

記念写真をベースにウェルカムボードを作成したいのですが、被写体が中心に配置されているため、メッセージを入れるスペースが確保できません。また、花嫁はシックなイメージのウェルカムボードを希望しています。

そこで、Adobe Expressの背景削除機能や色調補正を使って、素敵なウェルカムボードをデザインしたいと思います。

AI機能を使い画像サイズを拡張する

1 画像データをトップページにドラッグ&ドロップする。

1 ドラッグ

2 上部メニューバーの「サイズ変更」アイコンをクリック。表示されたサイズ変更パネルで「拡張」にチェックを入れる。

3 「カスタム」の「幅」を「3000（px）」に変更し、「サイズ変更」をクリック。

💡Hint

実際の使用サイズよりも大きく

Adobe Expressの生成拡張では、元画像を中心に拡張されます。サイズは実際に使うサイズより大きくして、拡張後にトリミングで位置調整をするようにします。

4 写真の幅がAIで生成拡張される。必要に応じてトリミング。

 Check

画像のトリミング
画像のトリミングについては、SECTION02-07を参照してください。

画像の加工とテキストの入力を行う

1 前の手順の続き。写真を選択した状態で右クリックし、「複製」をクリック。

2 複製した上の写真を選択。

3 画像パネルの「色調補正・ぼかし」をクリック。

4 カラーの「彩度」を「-100」にすると、写真がモノクロになる。

⚠ Check

レイヤーの重なり順

手順4の時点で、上のレイヤーはモノクロ写真、下のレイヤーはカラー写真が重なっています。

5 必要なテキストを入力する。

1 入力

消しゴム機能でカラーアクセント

1 前の手順の続き。モノクロ写真を選択し、画像パネルの「消しゴム」をクリック。

1 クリック
2 クリック

> 📝 **Note**
>
> **消しゴム機能**
> 　消しゴム機能は、画像から不要な部分を削除する際に便利なツールです。ブラシには、「円ブラシ」と「クイック選択」の2種類があります。なお、「消しゴム機能」はプレミアムプランの機能です。
>
> **・円ブラシ**
> ブラシのサイズや硬さを調整して、画像の一部を消すことができる。細かい部分の消去や、自然なぼかし効果を加えたい場合に便利。
>
> **・クイック選択**
> クリックするだけで自動的に領域を選択し、消去することができる。大きな領域を一度に消したい場合や、複雑な形状を消したい場合に便利。

2 「円ブラシ」を選択する。

3 モノクロ写真の花の部分をマウスでドラッグして消すと、下のレイヤーのカラー写真が浮き出てくる。調整が済んだら「完了」をクリック。

4 デザインを仕上げる。

Chapter

07

Adobe Express を
もっと活用しよう

Adobe Express は、デザインツールとしての枠を超えた、様々
な用途で活用できるツールです。この章では、Adobe Express
の多彩な機能をさらに活用する方法を解説します。

SNS での予約投稿、Web サイトを手軽に作成する方法、プレゼ
ン資料を短時間で作成する方法、スマートフォンアプリの活用
方法まで、Adobe Express の可能性を広げるためのヒントが
満載です。

SECTION 07-01 Adobe Express をもっと活用しよう

デザインだけでは終わらない

これまでの章では、基本的な使い方やデザイン制作のコツを中心に解説してきました。しかし、Adobe Expressには、単なるデザインツールを超えた多彩な機能が備わっています。

SNS予約投稿、プレゼン資料、Webデザイン

　SNSへの投稿やWebサイト制作、プレゼン資料作成といった日常業務や、個人プロジェクトに役立つ活用法は、初心者から経験者まで、あらゆるユーザーにとって大きな力となります。この章では、これらの便利な機能を最大限に活かす方法について解説します。仕事の効率を上げたい方、プライベートで新しい挑戦をしたい方、さらにクリエイティブな表現を追求したい方にとって、役立つ内容が満載です。

　さらに、スマートフォンアプリを活用すれば、場所を選ばずにクリエイティブな活動を実現できます。その具体的な方法やヒントもお届けします。

　この章を通して、Adobe Expressの可能性をさらに広げ、あなたのクリエイティブライフをより豊かにするためのアイデアを見つけてください。

● SNSへの予約投稿機能（SECTION07-03、04）

　SNSマーケティングを効率化するための予約投稿機能について解説します。コンテンツのスケジュール管理を簡単に行い、時間を有効活用する方法をご紹介します。

●Webサイトの作り方（SECTION07-05）

専門知識がなくても、魅力的なWebサイトを簡単に作成できるAdobe ExpressのWebページ機能について学びます。ポートフォリオやランディングページの作成に役立つヒントをお届けします。

●プレゼン資料の作り方（SECTION07-06）

見栄えの良いプレゼン資料を短時間で作成する方法を解説します。テンプレートの活用や効果的なデザインのポイントを中心に、説得力のある資料作りをサポートします。

●スマートフォンアプリの活用（SECTION07-07）

PCだけでなくスマートフォンでもAdobe Expressを活用する方法をお伝えします。通勤時間やすきま時間を使って、効率よくプロジェクトを進める方法を学びましょう。

SECTION 07-02 SNSアカウントと連携する

主要SNSと連携して投稿を効率化

スケジューラーを活用すれば、Instagram、Facebook、X（旧Twitter）、TikTokなどの主要なSNSアカウントと連携し、投稿のスケジュール設定や自動公開が可能です。これにより、複数のSNSへの投稿管理を一元化し、コンテンツ作成や運用にかかる時間を大幅に削減できます。

各SNSとの連携画面を表示する

1 トップページのメニューで「投稿予約」をクリック。

2 表示された個人カレンダー右上の「連携を管理」をクリック。

3 個人用カレンダーの接続が表示される。各SNSとの連携は次ページ以降を参照。

⚠ Check

各SNSとの連携
それぞれのSNSとの連携については、下記のページを参照してください。
- Facebook → 217ページ
- Instagram → 219ページ
- X(Twitter) → 220ページ
- TikTok → 221ページ

Facebookへの接続

1 前ページ手順3の続き。Facebookの「連携」をクリック。

⚠ Check

Facebookページが必須
Adobe ExpressでFacebookへの予約投稿機能を利用するには、Facebookページが必須です。個人アカウントでは連携できません。

📝 Note

Facebookページとは
Facebookページは、ビジネス、ブランド、団体、またはクリエイターが、フォロワーや顧客と交流するための公式アカウントです。個人アカウントとは異なり、広告配信や投稿の分析機能など、プロフェッショナルなツールを利用可能です。

Facebookページの作成方法については、Facebookの公式ページを参照してください。

https://www.facebook.com/help/104002523024878

2 ガイダンスが表示されたら、説明を読んで「続行」をクリック。

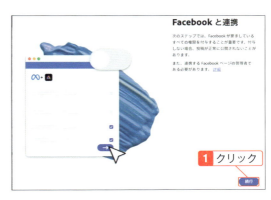

3 Facebookへのログイン画面が表示されたら、IDとパスワードを入力して「ログイン」をクリック。

4 ログインを承認するため二段階認証を実行する。

> ⚠️ **Check**
>
> **Facebookアカウント作成時の認証方法**
> メール、電話番号、スマートフォンアプリなどFacebookアカウントを登録した際に設定した二段階認証方法が必要になります。

5 連携されると、Facebookページのアイコンが表示される。

Instagramへの接続

1 216ページ手順3の続き。Instagramの「連携」をクリック。

2 連携方法が表示される。「Facebookから連携」をクリック。以降の連携方法はFacebook（217ページ）と同じ。

⚠ Check
Facebookページが必要
　Adobe ExpressでInstagramへの予約投稿機能を利用するには、Facebookと同様にFacebookページが必須です。

3 連携されると、Instagramアカウントのアイコンが表示される。

X（Twitter）への接続

1. 216ページ手順3の続き。X（Twitter）の「連携」をクリック。

2. 連携のウィンドウが開いたら「ログイン」をクリック。

3. Xのアカウントを作成した際の方法でログインする。

4. 連携されるとX（Twitter）アカウントのアイコンが表示される。

TikTokへの接続

1 216ページ手順3の続き。TikTokの「連携」をクリック。

2 連携のウィンドウが開いたらQRコードを読み込むか、またはTikTokのアカウントを作成した際の方法でログインする。

⚠ Check

QRコードでログイン

手順2で「QRコードを使う」をクリックすると、ログイン用のQRコードが表示されます。スマートフォンのTikTokアプリからQRコードを読み込むことで、Adobe Expressと連携されます。

3 連携されるとTikTokアカウントのアイコンが表示される。

SECTION 07-03 予約投稿の便利な使い方

予約投稿でSNS運用を効率化

予約投稿機能を使えば、時間を効率的に活用し、計画的にSNSを運用できます。Adobe Expressを利用すれば、複数のSNSプラットフォームへの投稿をまとめてスケジュール管理し、フォロワーと効果的にコミュニケーションをとることが可能になります。

予約投稿のメリット

●時間の効率化

投稿を事前に準備し、最適な時間に自動で公開できるため、リアルタイムでの作業負担が軽減されます。

●ターゲットに合わせた投稿時間

フォロワーが最もアクティブな時間帯を狙って投稿できるため、より多くのユーザーにコンテンツを届け、リーチを最大化できます。

●マルチプラットフォーム対応

Instagram、Facebook、X（旧Twitter）、TikTokなど、複数の主要なSNSで同時に予約投稿が可能です。

●一貫性のある投稿

定期的にコンテンツを投稿することで、フォロワーのエンゲージメントを維持し、安定したフォロワー数を獲得できます。

SECTION 07-04 SNSを予約投稿する

簡単にスケジュール管理できる

Instagram、Facebook、X（旧Twitter）、TikTokなどの主要プラットフォームに対応し、コンテンツを事前に準備して計画的に公開することが可能です。ここでは、事前に作成したコンテンツを使って、Adobe ExpressでSNS投稿を予約する方法をステップごとに詳しく解説します。簡単な手順で公開日時を設定し、計画的に投稿を管理できます。

完成済みコンテンツを予約投稿する

1 トップページのメニューで「投稿予約」をクリック。

2 個人用のカレンダーが表示される。投稿する日付を選ぶと「新規投稿」が表示されるのでクリック。

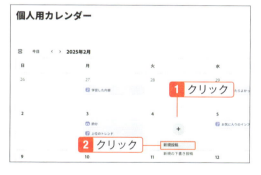

3 作成済みのコンテンツ（動画や画像）をドラッグ＆ドロップする。

4 投稿画面が表示される。

- ❶ 投稿するSNS
- ❷ Instagram投稿時の投稿タイプ
- ❸ キャプションの入力
- ❹ SNSオプション
- ❺ 予約投稿設定
- ❻ プレビュー画面
- ❼ コンテンツのサムネイル

5 「SNSアカウントを選択」をクリック。

6 投稿するSNSをチェックする（複数可能）。新たなSNSを連携するときは、一覧の下にある「連携を開く」をクリックして追加。

7 Instagramの場合、「投稿」「リール」「ストーリーズ」から投稿タイプを選ぶ。

8 キャプションを入力する。

⚠ Check
入力時の注意
　SNSの種類により、文字数やハッシュタグの数などのルールが異なるので注意してください。

9 「投稿を予約」が選択されていない場合はクリックし、日付をクリック。

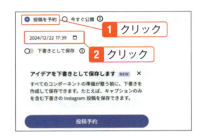

💡Hint

下書き保存する
「下書きとして保存」をクリックすると、投稿せずに下書き保存します。

💡Hint

すぐに投稿したい場合
「今すぐ公開」＞「今すぐ公開」をクリックすると、即時投稿されます。

10 カレンダーから投稿日時を選択する。

11 「投稿予約」をクリック。設定した日時になったら、手順6で選択したSNSに自動で投稿される。

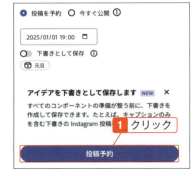

> 💡 **Hint**
>
> **予約日時を確認する**
>
> 画面左側メニューから「投稿予約」をクリックして、投稿のスケジュールを確認することができます。

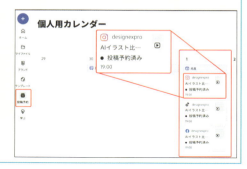

作成中のデザインから予約投稿する

1 画面右上の「共有」をクリック。

2 「投稿を予約」をクリック。

> 💡 **Hint**
>
> **作成してそのまま予約**
>
> 作成しているデザインから直接、予約投稿を行うことができます。ダウンロードや画面切り替えの手間が省け、非常に便利です。

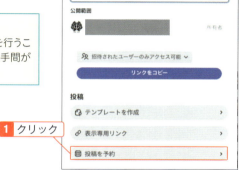

3 予約投稿画面が表示され、作成したコンテンツが自動的にセットされる。予約の仕方は225ページ手順6以降と同じ。

💡Hint

アドオンとは？

アドオンとは、Adobe Expressの機能を拡張し、外部サービスとの連携を可能にするツールです。便利なアドオンが数多く提供されており、デザイン制作の幅を大きく広げることができます。

なお、人気のアドオンについて、この章の最後（245ページ）で紹介していますので参考にしてください。

◀画面左側のメニューで「アドオン」をクリックし、検索して追加できる

Web サイトを作成する

初心者でも簡単に魅力的なサイトを作成

Adobe Expressは、専門知識がなくても、洗練されたWebサイトを簡単に作成できるツールです。直感的な操作で、豊富なテンプレートや無料素材を活用し、短時間で、栄えるWebサイトを作成できます。

Adobe Expressで作成するメリット

Adobe ExpressでWebサイトを作成する最大のメリットは、シンプルさと柔軟性です。ドラッグ&ドロップで画像やテキストを配置できる直感的なインターフェースにより、プログラミングの知識がなくても、まるでプレゼンテーション資料を作るようにWebサイトを作成できます。

豊富なテンプレート

ビジネスサイト、ポートフォリオ、イベントページなど、様々な用途に対応する豊富なテンプレートやデザインテーマが用意されています。個性的なWebサイトを作成したい場合は、海外のテンプ

レートも選択肢の一つとして考えられます。

Adobe Stockの豊富な素材ライブラリからも、高品質な画像や動画を無料で利用できます。これにより、Webサイトのビジュアルクオリティを格段に向上させることが可能です。

作成したWebサイトはクラウド上に保存され、自動的に公開されます。公開用のURLは、Adobe Express上で簡単に取得できます。独自ドメインを設定することも可能です。Webサイトを公開するために、別途サーバーやホスティングサービスを用意する必要はありません。コストを抑えながら、短時間で本格的なWebサイトを作成したい方に最適なツールです。

Web サイトを作成する

1. トップページのメニューで「＋」(新規作成) ＞「Webページ」をクリック。

2. テーマごとに分けられたテンプレートから、使いたいものを選択。文字や写真は直接編集する。

💡 Hint
白紙から作成する

テンプレートを使わず一から作成する場合は、画面右下の「白紙から作成」をクリックします。

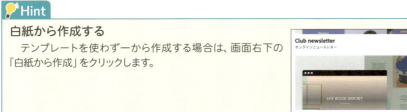

Webサイトの作成画面

　Webサイト作成画面は、ヘッダー領域と本文領域に分けられています。テキスト、画像、動画などのオブジェクトを追加し、編集することができます。操作は非常に簡単です。オブジェクトを選択すると、そのオブジェクトに対応した編集用のツールバーが表示されます。

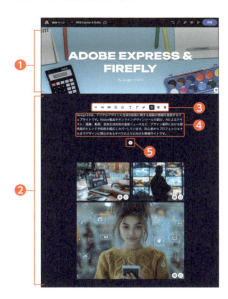

❶ヘッダー
❷コンテンツ領域
❸タスクバー
❹オブジェクト
❺オブジェクトの追加

● ヘッダー

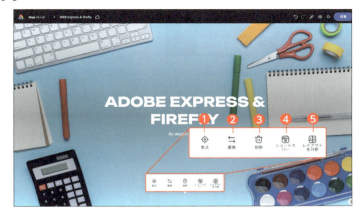

❶焦点：
画像の主要な被写体に焦点を合わせ、自動的にトリミングやズームを調整する機能。画像の重要な部分を強調したり、不要な部分を排除したりする際に役立つ。
❷置換：
既存の画像やコンテンツを、別のものと入れ替える。Webページに配置した画像を別の画像に変更したり、テキストの内容を書き換えたりする際に使用する。
❸削除：画像やコンテンツを削除する。
❹ショートカバー：
ページ上部に表示される、天地が短いアイキャッチ画像（ヘッダー画像）を作成・設定する。
❺レイアウトを分割：
Webページのレイアウトを分割し、複数のコンテンツを並べて配置する。テキストと画像を左右に並べて表示したり、複数の画像をグリッド状に配置したりする際に使用する。

●コンテンツ領域
「+」をクリックすると、オブジェクトの種類がタスクバーに表示されます。

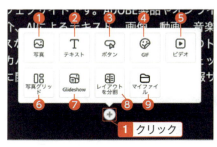

❶写真：自分の画像をアップロードしたり、Adobe Expressが提供する著作権フリーの素材を使用する。
❷テキスト：段落や見出しを追加し、必要な情報を入力する。
❸ボタン：外部サイトへのリンクなどを追加する際のボタンを挿入する。
❹GIF：Giphy（GIF画像を検索、共有するためのオンラインプラットフォーム）から取得したGIF画像のリンクをWebサイトやブログ記事などに貼り付け、GIF画像を表示させる。
❺ビデオ：YouTubeやVimeoの動画リンクを貼り付けて、Webサイトに動画を埋め込む。
❻写真グリッド：アイコンをクリックすると画面左に写真メディアが表示され、ドラッグ&ドロップで複数の画像をグリッド形式で配置できる。
❼Glideshowに背景写真を追加：
Adobe Expressのデザイン機能で背景を設定する。
❽レイアウトを分割：カラムを分ける。
❾マイファイル：Adobe Expressで作ったファイルを挿入する。

▲❹Giphy（https://giphy.com/）

▲❻写真グリッド

▲❺動画のURLを貼り付ける

● テキストオブジェクトのタスクバー

テキストオブジェクトを選択すると、タスクバーが表示されます。

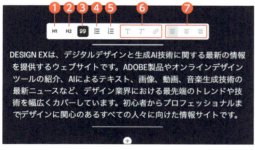

❶見出し1
❷見出し2
❸引用符
❹番号付きリスト
❺箇条書きリスト
❻テキストの設定（フォント、イタリック等）
❼行揃え

⚠️ Check

サイトを公開する

　編集が完了したら、右上の「共有」をクリックし、「Webに公開」を選択します。
　なお、2025年3月現在、Adobe Expressで作成したWebページに直接独自ドメインを設定することはできません。Adobe Expressで公開されたWebページは、Adobeのサーバー上でホストされ、生成されたURLを使用する必要があります。

SECTION 07-06 プレゼン資料を簡単作成

魅力的なプレゼンはデザインが大事

豊富なテンプレートとデザインツールを使い、短時間でインパクトのある資料を仕上げることが可能です。初心者からプロまで、幅広いユーザーに役立つツールです。

ビジネスプレゼン、教育用資料、イベント告知など

　Adobe Expressは、プレゼン資料の作成を簡単かつ効率的に行えるツールです。まず、目的や用途に合ったテンプレートを選択します。ビジネスプレゼン、教育用資料、イベント告知など、様々なスタイルのテンプレートが用意されており、すぐに使い始められます。次に、直感的な編集ツールでテキストや画像、動画などを追加します。ドラッグ&ドロップで要素を配置したり、フォントや色、アニメーション効果などを変更したりするだけです。

　もちろん、Adobe Stockから、高品質な画像や動画、イラストなどの素材を無料で利用できます。これにより、資料の完成度をさらに高めることが可能です。完成したプレゼン資料は、PDF、PNG、JPEGなどの形式でエクスポートできます。

プレゼンテーションを作成する

1. トップページのメニューで「+」（新規作成）＞「プレゼンテーション」をクリック。

2. プレゼンテーションのテンプレートから使いたいものを選択する。キーワード検索もできる。

3. 選択したテンプレートがプレビューされるので、他のページも確認する。その後「ページとして追加」または「新規ファイル作成」をクリック（Check参照）。

⚠ Check

どのように作成するか選択

「ページとして追加」を選択すると、現在開いているプロジェクトにテンプレートの全ページが追加されます。「新規ファイル作成」を選択すると、テンプレートの全ページが別のプロジェクトとして新規作成されます。

4 画面右下の「全てのページを表示」をクリックし、テンプレート内の全レイアウトを表示させる。

5 使いたいデザインをダブルクリック。この画面でページの移動、複製、削除も行える。

6 テンプレートのテキストを書き換えてカスタマイズする。

⚠️ Check

フォントについての注意
　テンプレートのベースが欧文フォントの場合、日本語を入力すると文字化けなどの不具合が起きます。こんなときはフォントを和文フォントに変えてから文字入力をしてください。フォントを和文フォントにするとキレイな文字並びになります。

7 Adobe Stockの画像を追加するなどしてカスタマイズする。

8 アップロードした画像を挿入する。

9 すべてのページを表示して内容と順番を確認する。

プレゼンテーションを開始する

1. 画面右上の「全画面表示」横の▽をクリック。

2. プレゼンテーション開始のメニューが表示される。

❶ **発信者モード**：発表者用の画面と、視聴者用の画面に分かれて表示される
❷ **コンテンツ再生（自動）**：プレゼンコンテンツが自動的に再生される
❸ **コンテンツ再生（クリック）**：プレゼンコンテンツをワンクリックすることで次のページに進む

💡Hint

発信者と視聴者の画面

発信者の画面では、現在のスライド、次のスライド、台本などを記したノートなどが表示されます。

▲発信者の画面　　　　　　　　　　　▲視聴者の画面

スマートフォンアプリでデザインをもっと手軽に

いつでもどこでもスマートフォンでデザイン

いつでもどこでも、高品質なデザインを作成・編集できます。直感的な操作性と豊富なテンプレートにより、デザインの経験がない方でも、プロ並みの作品を簡単に制作できます。外出先やすきま時間を有効活用し、創造性を活かしましょう。

スマートフォンの写真や動画をそのままデザインに活かせる

　Adobe Expressのスマートフォンアプリは、モバイル環境でのデザイン制作を効率化し、より簡単に行えるように設計されています。アプリをインストール後、Adobe IDでログインすれば、すぐにデザイン制作を始められます。豊富なテンプレートの中から、用途に合ったものを選択することで、デザインの土台を瞬時に作成できます。

　アプリの直感的なインターフェースにより、画像やテキストの追加・編集がスムーズに行えます。スマートフォンで撮影した写真や動画をアップロードできるだけでなく、Adobe Stockの無料素材ライブラリを活用すれば、デザインの幅がさらに広がります。タップ操作でフォントや色を変更したり、フィルターやエフェクトを適用したりすることで、短時間で洗練されたデザインに仕上げられます。

▲Adobe Expressスマートフォンアプリ

▲iPhone（App Store）

▲Android（Playストア）

▲画面がコンパクトなため、操作メニューは縦にスクロールする形で表示される。ボタンが大きく、タッチ操作に最適化されている。アイコン類はPC版とほぼ同じ。

▲タップ、スワイプ、スクロール、ピンチイン・ピンチアウトといった、スマートフォンの基本操作で使える。

　完成したデザインは、InstagramやFacebookなどのSNSで共有したり、PNGやJPEGなどの画像形式、またはPDF形式で保存したりできます。クラウド同期機能により、スマートフォンで作成したデザインをPC版のAdobe Expressで編集したり、PC版で作成したデザインをスマートフォンで編集したりできます。デバイスを問わず、いつでもどこでもデザイン制作を続けられるのは、Adobe Expressの大きな魅力です。手軽さと機能性を兼ね備えたAdobe Expressスマートフォンアプリで、デザインの可能性をさらに広げましょう。

テンプレートからデザインを新規作成する

1 「+」(新規作成)をタップ。

2 開始画面が表示される。「新規作成」または「クイックアクション」をタップ(ここでは「新規作成」)。

> ⚠ **Check**
>
> **クイックアクション**
>
> クイックアクションを選択すると、メニューが表示されます。
>
>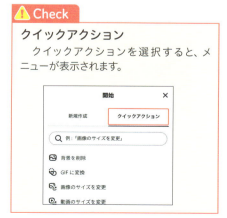

3 「おすすめ」から作りたいコンテンツをタップ。

4 テンプレートが表示されるので、使いたいものをタップ。

5 ツールバーが表示され、編集可能な状態になる。

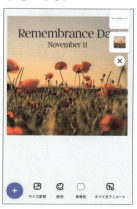

白紙からデザインを新規作成する

1 前ページの手順3の画面で、「一般」からサイズを選択。

2 白紙のカンバスが開き 下段にテンプレートが表示されるので、下にスワイプ。

3 ツールバーが表示され、編集可能な状態になる。

スマートフォンに保存してある写真を使う

1 編集画面左下の「+」をタップ。

2 スマートフォンに保存してある写真が表示されるので、使うものを選択して「追加」をタップ。

3 写真がアップロードされる。ハンドルなどをドラッグして、写真のサイズや位置を調整。

⚠ Check
レイヤーの重なり順を変える
画面右側にレイヤーの一覧が表示されており、ドラッグして重なり順序を変えられます。

4 文字を書き換え、位置・サイズ・カラー・文字飾りを編集する。完了したら「ダウンロード」をタップ。

5 ファイル形式を選択し、「ダウンロード」をタップするとスマートフォン内に保存される。

⚠ Check
対応しているファイル形式
画像形式（PNG、JPG）、動画形式（MP4）、PDFから選択可能です。

SNSに予約投稿する

1 共有アイコンをタップし、「投稿予約」をタップ。

2 SNSを選択し、キャプションを入力。

> ⚠ **Check**
> **複数のSNSを選択できる**
> PC版と同様に、複数のSNSを選択可能です。詳しくはSECTION07-04を参照してください。

3 「投稿を予約」がオンになっているのを確認し、日付をタップして投稿日を設定。設定が済んだら「投稿予約」をタップ。

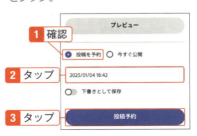

> ⚠ **Check**
> **投稿日の設定**
> 日付をタップするとカレンダーが表示されるので、投稿する日時を選択して、下部の「完了」をタップします。
>
>

> 💡 **Hint**
> **ファイル管理**
> 端末内の写真やクラウドストレージ（Google Drive、OneDrive、Dropboxなど）から直接素材を取り込めます。作成したプロジェクトは自動的に保存されます。
> 各クラウドストレージのアカウントパスワードなどの承認が必要になります。
>
>

人気のアドオン

● Google Drive と Dropbox

Adobe Expressには、クラウドストレージサービス「Google Drive」や「Dropbox」のアドオンが用意されています。これらのアドオンを利用することで、クラウド上に保存されているファイル（画像やドキュメント）をAdobe Expressで直接利用することができ、ワークフローがよりスムーズになります。

▲ Google Drive

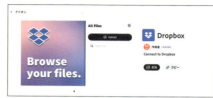
▲ Dropbox

● irasutoya

「irasutoya（いらすとや）」は、無料イラスト素材サイトです。人物、動物、物、季節のイベントなど、様々なジャンルのイラストを、個人利用・商用利用問わず無料で提供しています。親しみやすく、どこかユーモラスな

タッチのイラストは、Webサイトや印刷物、プレゼンテーション資料など、幅広い用途で人気を集めています。

● Artboard Mockups

Artboard Mockupsは、デザインを様々な実物に当てはめて表示できるモックアップ作成ツールです。Adobe Expressのエディット画面で、作成したデザインを簡単にモックアップに反映できます。

例えば、スマートフォンやノートパソコンの画面、名刺、Tシャツ、マグカップなど、様々なアイテムにデザインを反映させることが可能です。モックアップを作成することで、クライアントへのプレゼンテーションや、SNSでの作品発表などに活用できます。

▲ 例：ライブのイメージビジュアル　　▲ モックアップイメージ

Chapter

08

画像生成AI Adobe Firefly を使ってみよう

Adobe Fireflyは、テキストから画像を生成したり、既存の画像を編集したりできるAIツールです。AIという言葉に難しさを感じる方もいるかもしれませんが、Webアプリを起動し、日本語でプロンプトを入力するだけで、高品質な画像を誰でも手軽に生成できるのが特徴です。

この章では、AI画像生成の基本的な使い方を、次の流れで丁寧に解説します。Webアプリの起動方法から、テキストから画像を生成する基本操作。アップロードした画像を活用して構図や色調を調整する方法や、生成された画像を編集する操作についても詳しく解説します。

SECTION 08-01 Adobe Fireflyとは

AI（人工頭脳）で創る新時代のクリエイティブ

Adobe Fireflyは、Adobeが提供する画像生成AIです。テキストから画像を生成するだけでなく、写真から不要な要素を取り除いたり、イラストを生成したりすることができます。

生成AI（Generative AI）

生成AIとは、人工知能の一種で、既存のデータを学習し、新たなコンテンツを生み出す能力を持つ技術です。テキスト、画像、音楽、動画など様々な形式のコンテンツを生成することが可能です。Adobe Fireflyなどの生成AIは、ユーザーが入力するプロンプト（ここではAIに生成を促す指示文）をもとに、想像を超えるクリエイティブな出力を瞬時に提供します。

Fireflyの主要な機能

●テキストから画像生成

簡単な文章を入力するだけで、リアルな写真や芸術的なイラスト、さらに抽象的なアートや具体的なテーマに基づいたビジュアルを作成できます。

▲Fireflyの生成画面：一度の生成で4種類の画像が生成される

◀画像生成例:プロンプトと呼ばれる指示文を入力するだけ。日本語にも対応しているのが魅力
プロンプト:
ビルの屋上に立つ女性、コマンドスーツ、鋭い眼差し、荒廃した未来都市、日本のアニメスタイル

● **生成塗りつぶし**

既存の画像の一部を選択し、そこに新しいオブジェクトを追加したり、不要なオブジェクトを削除したり、別のオブジェクトに置き換えたりすることができます。元の画像に馴染んだ自然な仕上がりになります。

◀オブジェクトを追加

●生成拡張

「生成拡張」機能では、画像の縦横比を変更した際に生じる空白部分を、AIが自動的に補完します。

◀❶正方形の画像

◀❷ワイドスクリーンを選択

❸空白部分が補完される▶

●テキストエフェクト

生成AIを活用したツールで、テキストにスタイルやテクスチャを加え、様々な視覚効果を簡単に作成できます。例えば、炎や煙、キラキラとした輝きなどのエフェクトをテキストに適用したり、木目や金属、レンガなどのテクスチャでテキストを表現したりできます。なお、この機能はAdobe Expressに搭載されています。

Adobe Fireflyは安心して使えるAI

AIの生成物による著作権侵害

生成AIの分野は急速に発展し、イノベーションが優先される一方、著作権への配慮が後回しにされる傾向が見られます。その結果、生成AIによる著作権侵害の問題が世界中で顕在化しており、各国の公的機関も対応を始めています。

著作権の保護を念頭に置いたAdobeの考え

こうした状況の中、Adobe社は著作権問題への取り組みを優先し、2023年9月13日に満を持して「Adobe Firefly」を正式にリリースしました。ここでは、Adobe社の見解をもとに、Fireflyが「安全な生成AI」とされる理由を解説します。

AIが生成した画像が既存の著作物と類似している場合、著作権侵害になる可能性があります。ただし、類似しているということだけで直ちに著作権侵害となるわけではありません。著作権侵害となるかどうかは、「AIの学習データ」、「生成された画像の利用目的」、「類似性の程度」など、様々な要素を考慮して判断されます。

AIによる著作権侵害の仕組み

一般的な生成AIは、次の2段階で画像を生成します。既存の著作物を学習させて生成された画像を許可なく利用した場合、著作権侵害になる可能性があります。

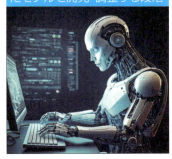

①学習段階
大量の画像を学習したデータセットを作成し、それを学習したモデルを開発・調整する段階

②利用段階
学習済みのモデルを使い、プロンプトなどの入力から画像を生成する段階

著作権侵害にならない可能性のケース

●事前に許可を得て学習させている場合

著作権者からAIの学習に利用することについて許諾を得ている場合は、著作権侵害にはなりません。

●当該の著作物を学習させていない場合

AIが学習したデータに当該の著作物が含まれていない場合は、たとえ生成された画像が既存の著作物と類似していても、著作権侵害にはなりません。

> 例　ある有名な写真家Aさんが撮影した富士山の写真があります。この写真は著作権で保護されています。一方で、その写真を気に入ったBさんは、画像生成AIを用いて、Aさんの写真に似た富士山の画像を生成しました。この場合、Bさんの行為が著作権を侵害している可能性は低いと考えられます。理由としては、まず「AIにAさんの写真を学習させていない」点が挙げられます。また、富士山のような山の風景は、多くの写真家が撮影する一般的な被写体であるため、特定の作品に依存しない画像が生成される可能性が高いからです。

▲画家が描いた、夕焼けを背景に佇む人物の絵画　▲AIも同じアイデア「夕焼けを背景に佇む人物の絵画」を生成

AIが生成した画像は画風や構図、色彩などが画家の絵画とは明らかに異なっています。この場合、AIが生成した画像は画家の絵画の「夕焼けを背景に佇む人物」というアイデアのみに類似しており、具体的な表現は異なっているため、著作権侵害になる可能性は低いと考えられます。

なお、これらの例はあくまでも一般的なものであり、個別のケースでは様々な要素を考慮して判断する必要があります。著作権侵害に関する判断は複雑な場合があり、専門家の意見を聞くことも重要です。

Adobe Fireflyの著作権侵害への対処

Adobe Fireflyでは、学習したデータが公開されているため、透明性が高く、著作権侵害のリスクを低減しています。具体的には、学習したデータは以下の通りです。

●パブリックドメイン

パブリックドメイン：Public Domain（著作権切れや著作権フリーの作品）の作品には著作権がないため、類似していても問題ありません。

▲レオナルド・ダ・ヴィンチの絵画「モナリザ」をモチーフに生成した画像

▲ミケランジェロの彫刻「ダビデ」のオブジェを生成した画像

●NASAが公開している宇宙の写真や映像

1920年から現在までの資料がダウンロードできます（「NASA Image and Video Library」https://images.nasa.gov/）。

▲NASAからダウンロードした画像を構成参照して作成した宇宙空間を飛ぶ巨大空母
※利用に関してはサイトのガイドラインを参照してください。

● **Adobe Stockコントリビューターから提供されたデータ**

　著作権者からAIの学習に利用することについて許諾を得ているため、類似していても問題ありません。

　Adobe Stockコントリビューターとは、Adobe Stockに写真、イラスト、ベクター画像、動画などのデジタルコンテンツを提供するクリエイターのことです（Adobe Stock: https://stock.adobe.com/jp/）。

● **Adobeが所有する画像**

　Adobeが著作権を所有しているか、または著作権者から使用許諾を得ているPhotoshop、Illustrator、After EffectsなどのAdobeのクリエイティブアプリで作成された画像も、Fireflyの学習データとして使用されています。

Adobe Stockにおけるコンテンツの管理体制

　Adobe Stockでは、多数のクリエイターが作品を販売しており、大量のアセットが随時アップロードされています。そのため、Adobeは、不適切なコンテンツやAI生成物が紛れ込むことを防ぐため、厳格なコンテンツ審査体制を構築しています。具体的には、レビュー担当者を増員し、AI技術を活用した監視システムを導入することで、コンテンツの品質と信頼性を維持しています。

参考資料：
・生成 AI と著作権？アニメーションで楽しく学ぼう Adobe Firefly の安全性への取り組み
https://blog.adobe.com/jp/publish/2024/11/21/cc-firefly-designed-to-be-commercially-safe-animated

・生成AI時代における責任あるイノベーション
https://www.adobe.com/jp/ai/overview/ethics.html

SECTION 08-03 Adobe FireflyのWebアプリを使い始める

インストール不要で使えるWeb版Firefly

Adobe FireflyのWebアプリは、インストール不要でブラウザからすぐに利用できる生成AIツールです。画像生成、テキストエフェクト、拡張生成などの多彩な機能を搭載し、どのデバイスからでもアクセス可能なため、画像生成をスムーズに進められます。

Adobe Fireflyのトップページ

　Adobe IDでログインするだけで、常に最新のAI機能を活用できる点が魅力です。Photoshopのような編集アプリを使わなくても、オブジェクトを削除したり、画像を拡張することもできます。直感的な操作なので、ぜひ体験してみてください。Adobeアカウントの作成方法については、SECTION01-02を参照してください。

https://firefly.adobe.com/

❶ **ホーム**
❷ **ファイル**：生成した画像の履歴・アーカイブ
❸ **ギャラリー**：ユーザーが投稿した作品のギャラリー、プロンプトが表記されており参考にできる
❹ **ナビゲーションメニュー**：おすすめ・画像・動画・音声・ベクター画像に分けられている
❺ **テキストから画像生成**：Fireflyの画像生成機能が利用できる
❻ **テキストから動画生成**：Firefly Video (beta) 2025年2月にリリースされた新機能
❼ **シーンから画像生成**：2025年2月にリリースされた新機能（執筆時はBeta版）
❽ **動画を翻訳**：アップロードした動画を別の言語に翻訳する
❾ **画像から動画生成（Firefly Video (beta)）**：アップロードした画像から動画を生成する
❿ **音声を翻訳**：アップロードした音声を別の言語に翻訳する

SECTION 08-04 Firefly Web アプリの画面

文章で簡単にイメージを画像化

簡単な指示で、写真のような画像やイラストを作成できます。詳細なプロンプトを入力するだけで、多様なアートスタイルや構図の作品を瞬時に生成できます。

Firefly Web アプリの画面を表示する

1 トップページの「テキストから画像生成」をクリック。

2 「テキストから画像生成」画面が表示される(画面の表示内容は利用プランなどによって変わる)。

❶ **サイドバー(一般設定)**:アスペクト比や画像のカスタマイズ
❷ **ナビゲーションバー**:他のAdobeアプリへの移動・アカウント内容等
❸ **テキスト入力欄**:プロンプトの入力などの操作

● ナビゲーションバー

❶ 他のAdobeアプリへアクセスできる
❷ アカウントアイコン
❸ アカウント情報の確認・変更、今月の生成クレジットの利用状況、環境設定ができる

📝 Note

動画生成AIなど大幅アップデート

2025年2月に、Adobe Firefly Webアプリは大幅にアップデートされました。待望の「Firefly Video」は、既存の動画生成AIを圧倒するような美しいクリエイティブな映像が楽しめます。
主な追加機能は以下の通りです。

・**動画生成（β版）**
テキストから動画を生成、静止画からフルHD動画を生成する機能

・**シーンから画像生成（β版）**
簡単な3Dカメラ操作で本格的な3Dシーンを作成し、そこから画像を生成する機能

・**音声・動画翻訳**
動画ファイル内の音声を別の言語に変換したり、音声ファイルを別の言語に変換する機能

詳細はWebとYouTube動画にて紹介しています。本書の16ページをご参照ください。

SECTION 08-05 テキストから画像を生成する

プロンプトはAIに魔法をかける言葉

「プロンプト」は、生成AIを動かすためのシンプルで強力なツールです。Adobe Fireflyでは、この魔法の言葉を使って、魅力的な画像を簡単に生成できます。言葉を工夫することで、表現の可能性は無限に広がります。

プロンプトの仕組み

プロンプトとは、生成AIに対する指示であり、どのような画像やデザインを生成するかを具体的に伝えるための言葉です。Adobe Fireflyでは、「幻想的な夜空に光る花火」のように詳細な描写を用いることで、イメージ通りのビジュアルを生成できます。さらに、「油絵風」や「シンメトリー構図」のようなスタイルや構成に関する指示を追加することで、より精度の高い結果を得られます。Fireflyは、シンプルな言葉でも、詳細な描写を加えることで、驚くほど高品質な画像やエフェクトを生成し、あなたのアイデアを具現化してくれます。

テキストから画像を生成する

1 画面右側のサイドバーで「一般設定」を展開し、モデル（ここでは「Image3」）を選択。

⚠ Check
モデルの選択
モデルは「Firefly Image2」と「Image3」から選択できます。Image3は上位モデルで消費クレジットも同じなのでFirefly Image3を選択しましょう。

2 高速モードを選択する場合はオンにする。

📝 Note
高速モード

アイデアをすぐに形にしたいときや、様々なバリエーションを比較検討したいときなどに便利なのが「高速モード」です。高速モードをONにすると、数秒で画像を4種類生成できます。生成される画像は低解像度になりますが、気に入ったものを後から高解像度（アップスケール）にできます。この際、追加で1クレジット消費します。

3 生成する画像の縦横比を選択（ここでは「ワイドスクリーン（16：9）」）。

⚠ Check
選択できるサイズ

「横（4：3）」「縦（3：4）」「正方形（1：1）」「ワイドスクリーン（16：9）」の4種類から選択できます。

4 「コンテンツの種類」を展開して選択（ここでは「アート」）。

> **💡Hint**
>
> **「アート」と「写真」の違い**
>
> **・アート**
> 　創造的で表現豊かなイラストや絵画風の画像を生成します。ポスターやコミック、抽象アートなど、また、アニメ、フラットなイラスト、3Dアニメなどを生成したい場合に最適です。プロンプトに「水彩画風の風景」や「ポップアート風のキャラクター」のような具体的な指示を含めることで、よりアーティスティックに生成されます。
>
> **・写真**
> 　写真のようにリアルな画像を生成します。広告素材やプレゼン資料など、現実感を強調したい場合に役立ちます。例えば「夕日が照らす都市景観」など、プロンプトに具体的なディテールを加えることで、高精度なフォトリアル画像を得られます。
>
> **・自動**
> 　コンテンツの種類を指定しない場合、Fireflyが自動的に最適なスタイルを選択します。

5 テキスト入力欄に作成したい画像の詳細な説明を入力し、「生成」をクリック。

6 画像が生成された。
　モデル：Firefly Image3
　高速モード：ON
　縦横比：ワイドスクリーン（16：9）

生成した画像の見方

生成された画像の上にマウスオーバーすると、操作できるアイコンが表示されます。

❶**編集**：生成した画像をさらにAIで編集したり、Adobe Expressに移行して画像を編集する（画像編集については、SECTION02-04を参照）

❷**アップスケール**：高速モードで生成した低解像度の画像を2K解像度にアップスケールする

❸画像をダウンロードする

❹**フィードバック**：生成された画像の評価を送信し、フィードバックした内容はFireflyの開発に役立てられる

❺**外部との連携**：画像をコピーしたり、リンクを生成する

❻**お気に入り登録**：画像を「お気に入り」ページで確認できる

> ⚠️ **Check**
>
> **Photoshop webで編集する**
> 有料版のCreative CloudでPhotoshopが使えるプランを利用している場合は、「Photoshop web」が表示されアプリに移行します。
>
>

生成した画像を他のユーザーに見せる

1 画像右下の「外部との連携」アイコンをクリック。

2 「リンクを画像にコピー」をクリックすると、画像へのリンクがクリップボードにコピーされるので、リンクをメールやSNSに貼り付け共有する。

3 受け取ったユーザーは、リンクをクリックするとAdobeアカウントの登録無しでもWebブラウザで画像を閲覧できる。

⚠ Check
ログインすると編集も可能になる
　リンクを受け取ったユーザーは、Fireflyにログインすることで、同じプロンプトを利用して画像を生成したり、設定を変更して別の画像を作成したりすることが可能です。

生成した画像をクリップボードにコピーする

1 262ページの手順2の画面で「画像をコピー」をクリックすると、画像がクリップボードにコピーされる。

2 コピーした画像は、他のアプリケーション（ここではWord）に貼り付けることができる。

生成した画像を Adobe Creative Cloud ライブラリに保存する

1 262ページの手順2の画面で「ライブラリに保存」をクリック。

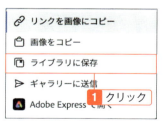

2 表示されたリストから「ライブラリ」を選択、または「ライブラリを追加」アイコンをクリックし、新しいライブラリを作成して保存する。

3 画像がライブラリに保存される。

生成した画像をFireflyのギャラリーに公開する

1 262ページの手順2の画面で「ギャラリーに送信」をクリック。

⚠ Check

他のユーザーにも公開しよう

ギャラリーに送信された画像は、他のユーザーに公開され、閲覧やダウンロードが可能になります。画像はアップスケールされている必要があります。ここでは、高速モードで生成した低解像度の画像を2K解像度にアップスケールします。アップスケールについては、261ページを参照してください。

2 公開プロフィールを入力して「次へ」をクリック。

3 ガイドラインを確認して「送信」をクリック。

4 優秀な画像はFireflyのギャラリーに公開される。

⚠ Check
投稿した画像

投稿した画像は、公開される前にAdobeのチームにレビューされます。優秀な応募作品は、Adobeのギャラリーまたはマーケティング資料で紹介される場合があります。

💡 Hint
生成画像した画像はどこにある？

生成した画像はナビゲーションメニューの「ファイル」で確認することができます。星形の「お気に入り」アイコンをクリックすると、登録した画像を「お気に入り」ページで確認できます。

▲自動保存された生成画像ファイル

▲お気に入りにした画像ファイル

生成した画像をAdobe Expressのデザイン素材にする

1. 262ページの手順2の画面で「Adobe Expressで開く」をクリック。

2. 自動的にAdobe Expressに移行し、Adobe Expressの編集機能でコンテンツを作成できる。

画像生成後の画面

❶ **すべての画像をダウンロード**
❷ **履歴サムネイル**：作成中の履歴サムネイルが表示される
❸ **画像表示の切り替え**：4コマとスライダーで表示を切り替えられる
❹ **履歴の表示・非表示の切り替え**
❺ **生成ボタン**

●履歴サムネイル

▲履歴の表示「オン」　　　　　　　　　▲履歴の表示「オフ」

●画像表示の切り替え

▲4コマのサムネイルで表示される

▲スライダーで表示される

生成した画像をダウンロードする

1. メニューバーの「すべてをダウンロード」をクリックすると、4枚すべての画像がデバイスにダウンロードされる。

2. 画像の上にマウスオーバーすると表示される「ダウンロード」アイコンをクリックすると、その画像のみ、デバイスにダウンロードされる。

「構成参照」と「スタイル参照」

お手本画像で、理想の構図を簡単に実現

「構成参照」と「スタイル参照」は、手本となる画像をアップロードするだけで、その画像の輪郭や奥行きを分析し、新しい画像に反映してくれる機能です。生成AIによる画像制作において、ユーザーの意図するレイアウトやデザインスタイルを反映させ、イメージにより近づけるための強力な手段となります。

参照機能の画面構成

画面左側に操作パネルがあります。上部の「構成」、下部の「スタイル」の2つのセクションに分かれています。

❶構成参照
❷スタイル参照
❸クリックしてPC内の画像をアップロードして参照画像として利用する
❹クリックすると参照画像ギャラリーが開きサンプルを使用できる

▲構成のサンプルギャラリー

▲スタイルのサンプルギャラリー

視覚的に生成できる参照機能

「構成参照」機能は、アップロードした画像を参考に、新しい画像の構図を生成する機能です。例えば、スマートフォンで撮影した犬の写真をFireflyにアップロードし、「可愛い白い犬」とプロンプトを入力すると、Fireflyは写真の犬のポーズや配置を分析し、それを参考に新しいイラストを生成します。加えて、「スタイル参照」機能を使えば、画像のスタイルをお手本画像に合わせることができます。

「構成参照」機能を使うことで、広告、商品デザイン、アート作品など、様々なシーンで理想的な構図の画像を生成できます。

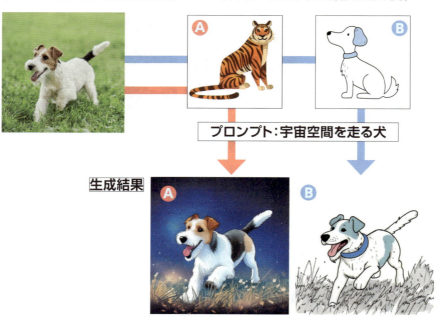

構図やレイアウトを元に画像を生成する「構成参照」

構成参照は、既存の画像をテンプレートとして使用し、輪郭と深度を一致させる機能です。その構図やレイアウトを基に新たな画像を生成します。例えば、部屋の写真をアップロードすると、家具の配置や部屋の構造を維持したまま、壁紙やインテリアのデザインを変更した画像を作成できます。これにより、ユーザーが思い描く構図を、プロンプトで細かく指示する手間を省き、効率的に画像を生成できます。

なお、アップロードする画像は、著作権や使用権がクリアされているものを使用してください。

▲構成参照を使わずに画像を生成した画像。構図の指定がないのでランダムな配置になっている
コンセプト：写真
プロンプト：ソファーとテーブル、モノトーンのおしゃれな部屋

参照画像で画像を生成する

1 「画像をアップロード」をクリックし、参照画像をPCからアップロードする。

⚠️ **Check**
参照画像
▲フリーハンドで描いた大まかな構図

271

2 「構成参照」が選択されているのを確認。プロンプトを入力し、「生成」をクリック。

3 画像が生成される。プロンプトで構図を指示しなくても、参照画像を元に忠実に再現されている（コンセプト：写真）。

⚠ Check

強度を調整する

スライダーで、輪郭と深度の一致度合いを三段階で調整することができます。右に動かすほど、参照画像に忠実に生成されます。

ギャラリーのサンプルで画像を生成する

1 「構成」の「ギャラリーを参照」をクリック。

2 ギャラリーから目的の参照画像をクリック。

3 「構成参照」が選択されているのを確認。プロンプトを入力し、「生成」をクリック。

4 画像が生成される（コンセプト：写真）。

💡 Hint

その他のサンプルから生成した画像
　輪郭や深度を参照して生成するので、ユニークな画像ができます。
コンセプト：写真
プロンプト：ソファーとテーブル、モノトーンのおしゃれな部屋

▲参照画像　　　　▲生成結果　　　　▲参照画像　　　　▲生成結果

スタイル参照機能

　Fireflyのスタイル参照では、アップロードした画像のルックアンドフィールを、新しく生成する画像に反映させることができます。写真のようなリアルな画像、油絵や水彩画、水墨画などの芸術的なタッチの画像、2Dアニメ・3Dのゲームキャラクターのような画像をアップロードすることで、その作風を反映した画像を生成できます。

　なお、アップロードする画像は、著作権や使用権がクリアされているものを使用してください。

📝 Note

ルックアンドフィールとは
　デザイン全体から受ける「見た目」と「感じ方」のことです。色使い、フォント、レイアウト、画像、素材感、表現スタイルなど、様々な要素が組み合わさって生まれます。

アップロードした画像を参照して生成する

1 「スタイル」の「画像をアップロード」をクリックし、参照画像をPCからアップロードする。

⚠️ **Check**
参照画像

2 「スタイル参照」が選択されているのを確認。プロンプトを入力し、「生成」をクリック。

3 画像が生成される（コンセプト：アート）。参照画像をルックアンドフィールし、3Dアニメ風の画像が生成された。

💡 **Hint**

別の生成例

2Dアニメタッチの画像をスタイル参照してみます。

▲参照画像　　▲生成結果

⚠️ Check

生成される画像の外観を細かく制御する

スタイル参照機能には、「視覚的な適用量」と「強度」という2つの重要なスライダーがあります。これらのスライダーを使用することで、生成される画像の外観をより細かく制御することができます。

まずはデフォルトの位置で生成し、2つのスライダーを調整しましょう。ただし、再生成のたびにクレジットを消費するのでご注意ください。

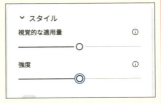

・視覚的な適用量

プロンプトで指定した内容をどの程度、生成画像に反映させるかを、0%・50%・100%の3段階でコントロールします。デフォルトは50%です。

0%ではAIにより自由な解釈を許可し、プロンプトの細部を無視する傾向があります。50%では、プロンプトの要素をバランス良く反映します。100%にすると、プロンプトの要素を最大限に反映し、より詳細で劇的な画像を生成します。

・強度

スタイルに画像を入れると表示されます。参照画像のスタイルや適用された効果を、どの程度生成画像に反映させるかを0%・50%・100%の3段階で制御します。数値が大きいほど参照画像の影響が強くなります。

低強度では元の生成画像の特徴を保持しつつ、参照スタイルを軽く適用します。高強度では、参照画像のスタイル、色調、テクスチャをより忠実に再現します。

ギャラリーのサンプルでスタイルを参照する

1 「スタイル」の「ギャラリーを参照」をクリック。

2 ギャラリーから目的の参照画像をクリック。サンプルのルックアンドフィールに応じた画像が生成される。

1 クリック

💡 Hint

生成例

▼プロンプト：
スマホを操作している女性

▲❶の生成結果　▲❷の生成結果　▲❸の生成結果

08-07 思い通りの画像を生成するためのコツ

「構成参照」×「スタイル参照」の組み合わせでプロのイラストレーター

フリー素材サイトで希望通りの画像を見つけるのは、容易ではありません。例えば、「ポーズは理想的だが写真ではなくイラストが欲しい」「女性のイラストの雰囲気は気に入ったが、男性のイラストが必要」といった状況に遭遇することがあります。Adobe Fireflyの「構成参照」と「スタイル参照」を組み合わせる機能は、このような課題を解決するのに役立ちます。

Adobe Stockのフリー素材を利用する

Adobe Stockの豊富な素材から、理想の画像を探しましょう。Adobe Stockは、Adobeが提供する高品質なロイヤリティフリー素材サイトです。無料素材も多数提供しており、Adobeの厳しい審査を通過した高品質な素材を安心して利用できます。Adobe Stockについて、詳しくはSECTION12-01を参照してください。

●例）ポーズは理想的だが写真ではなくイラストが欲しい場合

1 まず構成参照用の画像を探すため、Adobe Stockの検索「無料素材」でキーワードを入力して検索する（今回は電話オペレーター）。

2 気に入った画像の「ライセンスを取得」ボタンをクリックしてダウンロード。

3 次にスタイル参照用の画像を探す。Adobe Stockの検索「無料素材」でどんなイメージにするかキーワードを入力して検索する（今回は「やさしい　イラスト」と入力）。

4 気に入った画像の「ライセンスを取得」ボタンをクリックしてダウンロード。

5 手順2の画像を「構成」に、手順4の画像を「スタイル」にそれぞれアップロードする。

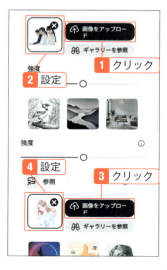

6 プロンプトを入力し「生成」ボタンをクリック。

> 💡 **Hint**
> **プロンプトは必要な情報のみにする**
> 　「構成」に画像をアップロードしているので、プロンプトは必要な情報のみにします（今回は「女性の電話オペレーター」）。服装を指定する場合などは記入してください。

7 画像が生成された（コンセプト「アート」）。

SECTION 08-08 似顔絵を作成する

無料で商用利用もOK。写真からAIがプロ級の似顔絵を自動生成

構成参照とスタイル参照機能を使えば、写真から高品質な似顔絵を簡単に自動生成できます。プロンプトで年齢や表情、髪型などを指定するだけで、AIがリアルな表現からアートスタイルまで、様々なスタイルで似顔絵を生成します。商用利用も可能で、クリエイティブなプロジェクトに最適なツールです。ビジネスシーンや個人利用で、手軽にプロ級の似顔絵を作成しましょう。

写真をアップロードして似顔絵を作成する

1 似顔絵にしたい顔写真を「構成」にアップロードする。

⚠ Check
アップロードする顔写真
- 顔がはっきり写っているもの
- 背景ができるだけシンプルなもの
- 正面を向いた写真
- 表情が分かりやすいもの

⚠ Check
写真を基にした似顔絵作成

　Adobe Fireflyでは、写真を基にした似顔絵作成が驚くほど簡単です。似顔絵にしたい人物の写真をアップロードし、希望するスタイル画像を「スタイル参照」として指定します。プロンプトで年齢・性別・表情などを設定し、「生成」ボタンをクリックするだけで、高品質な似顔絵が完成します。
　なお、アップロードする画像は、著作権や使用権がクリアされているものを使用してください。

2 スタイル参照したい画像をアップロードする。

💡 Hint
アップロードする画像

　ここでは手持ちの画像をアップロードしていますが、Adobe Stockで探す場合は「無料素材」で「イラスト・人」をキーワードにすると、いろんなタッチのイラストが検索されます。

3 「構成」の強度を最大にする。

4 「スタイル」の「視覚的な適用量」を強めに設定する。

> 💡 **Hint**
>
> **構成の強度と視覚的な適用量の調整**
>
> 　構成の「強度」を最大に上げることで、写実的に再現します。漫画風にしたいときは50％程度が目安です。また、「スタイルの視覚的な適用量」を強くすることで、プロンプトや効果の影響を大きくします。無表情を笑顔にしたり、カジュアルな服装をスーツに変えたりするときに強さを上げてください。

5 プロンプトに年齢・性別・表情などを入力し、「生成」ボタンをクリックして画像を生成。左側が元の顔写真、右が生成された画像。

コンセプト：アート
効果：アニメ、ベクター
プロンプト：50歳の男性ビジネスマンが笑顔でOKマークを出している、背景は白

> 💡 **Hint**
>
> **似顔絵生成プロンプトのコツ**
>
> 　似顔絵生成の場合、プロンプトに入力する内容は合成にアップロードした画像を補う内容です。実年齢とAIが考える年齢は違うので、仕上がりを見てプロンプトの年齢を変えましょう。写実的になりがちなときは、効果でアニメ・ベクターを選択してください。プロンプトに「シンプルイラスト」と入力するのも効果的です。

●生成例

`構成参照`

`スタイル参照`

彩画の場合

`スタイル参照`

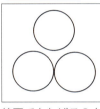

線画であればこのようなシンプルな図でもOK

`構成参照`

`スタイル参照`

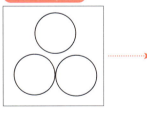

`構成参照`

SECTION 08-09 生成画像の編集機能とは

Photoshopなしでも自在な画像加工が可能

生成画像の編集機能を使えば、画像に新しい要素を追加したり、不要部分を削除したり、背景を変更したりするなど、Photoshopを使わずにWebアプリだけで幅広い加工を簡単に実現できます。

生成画像編集の主な機能

・生成塗りつぶし
指定した範囲に新しいオブジェクトを追加、削除、または置換できます。選択範囲にAIが自動的に内容を生成し、元の画像と自然に融合します。また生成した画像の背景を簡単に差し替え、異なるシーンや雰囲気を作り出します。

・類似の項目生成
既存の画像に似たバリエーションを生成し、アイデアの展開をサポートします。

・Adobe Expressでデザイン作成
Fireflyで作成した画像をAdobe Expressに移行し、テキストやシェイプを追加してSNS投稿やバナーなどのデザインに活用できます。これらの機能を組み合わせることで、生成画像を活かした作品を効率的に作成できます。

生成画像の編集画面を表示する

1 生成した画像の上にマウスオーバーし、左上の「編集」をクリック。

2 プルダウンメニューの「生成塗りつぶし」をクリック。

3 編集画面が表示される。

❶ **挿入**：生成画像にオブジェクトを追加する
❷ **削除**：生成画像内の不要なオブジェクトを削除する
❸ **拡張**：生成画像を画像生成AIを使って拡張する
❹ **移動**：マウスをドラッグして画面を移動する
❺ **ブラシ**：挿入・削除で範囲を選択するツール。マウスで移動する
❻ **ツールバー**：選択したメニューによって内容が変化するツールパレットメニュー

SECTION 08-10 生成塗りつぶし機能 ①生成拡張

画像の縦横比や構図を自由に拡張

「生成拡張」機能を使えば、画像のサイズや縦横比を自由に変更し、新たな要素を加えながら構図を簡単に広げられます。AIが自然な内容を生成し、拡張部分も元画像とシームレスに融合します。構図の再構築や視覚的なインパクトの向上に最適なツールです。生成された拡張部分は、元の画像と自然に馴染むようAIが調整します。

生成画像を拡張する

1 メニューから「拡張」をクリック。

⚠ **Check**

画面の表示

メニューの「拡張」を選択すると、画像内にガイドライン、外枠に拡張用のハンドルが表示されます。画面下部のツールバーは、拡張サイズを設定する機能に変化します。

2 ツールバーの拡張サイズを選択し、「生成」をクリック。

3 3種類の生成結果から選択し「保持」をクリック。

⚠ **Check**

生成拡張のプロンプト

サイズを設定すると、ツールバーにプロンプト入力欄が表示されます。拡張部分に何を追加するかを簡単なプロンプトで指示します。例えば、海辺の画像を拡張する場合は「青い空と白い雲」や「遠くに見えるヨット」のようなプロンプトを入力することで、希望する背景を生成できます。特に指定しなくても、AIが画像全体のイメージを分析して、適切な内容を生成してくれます。

生成塗りつぶし機能　②挿入

新たな要素を簡単に画像に追加

生成塗りつぶし機能で生成した画像に新しいオブジェクトや要素を簡単に挿入できます。シンプルなテキストプロンプトを使い、指定した場所に自然に溶け込むような新しい内容を生成できます。

生成画像にオブジェクトを挿入する

1 メニューから「挿入」を選択し、ツールバーからブラシを選択して設定する。

⚠ Check

塗りつぶしブラシの設定

　「サイズ」は、ブラシの大きさを調整する設定です。「硬さ」は、ブラシの周囲をどれだけぼかすかを増減させる設定です。「不透明度」は、元画像がどの程度保持されるかを決定するパラメーターで、描画の透明度に影響します。

2 画像内で要素を追加したい範囲をブラシで選択する。

3 追加したいオブジェクトのプロンプトを入力し（ここでは「獰猛な虎がライオンを追いかけている」）、「生成」をクリック。

4 3種類の生成結果から選択し、「保持」をクリック。

SECTION 08-12 生成塗りつぶし機能 ③背景を変える

簡単操作で背景を自在に変更

生成塗りつぶし機能で、画像の背景を簡単に変更できます。シンプルなプロンプトを入力するだけで、シーンの雰囲気を一変させたり、異なる構図を試したりできます。また、季節・イベントのようにテーマやコンセプトに合ったデザインを短時間で作成するのに役立ちます。

生成画像の背景を変更する

1 ツールバーの「背景を選択」をクリック。

2 被写体以外の背景が非表示になったらプロンプト欄に新しい背景のイメージを簡潔に入力し(ここでは「冬の公園、クリスマスイルミネーション」)、「生成」をクリック。

3 3種類の生成結果から選択し、「保持」をクリック。

SECTION 08-13 生成塗りつぶし機能 ④削除

不要な要素を簡単に取り除く

生成塗りつぶし機能で、画像内の不要な要素を簡単に削除できます。選択範囲を指定すれば、数クリックで自然な仕上がりに変更可能です。余計な要素を取り除くことで、画像のクオリティや焦点を劇的に向上させられます。

生成画像からオブジェクトを削除する

1. 「削除」を選択し、ツールバーでブラシの設定をする。

2. 画像内の不要なオブジェクトや部分をブラシツールで塗りつぶし、「削除」をクリック。

3. ブラシで囲んだオブジェクトが違和感なく削除される。

> 💡 **Hint**
>
> **削除機能の用途**
>
> 削除機能は、人物写真の不要な背景オブジェクトの除去や、商品画像からノイズ要素を取り除く際に特に役立ちます。例えば、SNSにアップする店内写真に写りこんだ他のお客さんを消したりできます。

生成画像の編集
①類似の項目を生成

AIで画像バリエーションを簡単に生成

「類似の項目を生成」機能は、画像選択後に他のバリエーションを自動的に提案する便利なツールです。この機能を使えば、選択した画像と似たスタイルや構成の画像バリエーションを簡単に生成できます。選択した画像の雰囲気やスタイルを保ちながら、異なるカラーパレットや構図を試すことができます。

生成画像のバリエーションを作る

1. 生成した画像にマウスオーバーして「編集」をクリック。

2. プルダウンメニューから「類似の項目を生成」をクリック。

3. 最初の生成画像をベースにして新たなバリエーションの画像が生成される。

SECTION 08-15 生成画像の編集 ②参照画像を活用する

画像の構成とスタイルをコントロール

Adobe Fireflyでは、生成画像の編集に参照画像を活用できます。「構成参照」では既存の画像の構図を、「スタイル参照」では色使いや雰囲気を、それぞれ新しい画像に反映させることが可能です。

参照画像を反映する

1 生成した画像にマウスオーバーして「編集」をクリックし、表示されるプルダウンメニューから「構成参照として使用」または「スタイル参照として使用」を選択。

2 手順1で「構成参照として使用」を選択した場合は構成の参照画像として登録される。

3 手順1で「スタイル参照として使用」を選択した場合はスタイルの参照画像として登録される。

SECTION 08-16 生成画像の編集 ③Adobe Expressでの使用

FireflyのAI画像をExpressでさらに活用

Adobe Fireflyで生成したAI画像は、Adobe Expressと連携することで、さらに高度な編集やデザイン制作に活用できます。テキスト追加、背景の変更、SNS投稿用のデザインなど、直感的な操作で多彩なデザインを作成できます。効率的にプロジェクトの質を高められます。

Adobe Expressでテキストを追加する

1 生成した画像にマウスオーバーして「編集」をクリック。

⚠️ **Check**

Adobe Expressでの編集

多彩なフォントやスタイルを活用して、情報を効果的に伝えるデザインを作成します。さらに、グラフィックやシェイプを挿入して独自の装飾やアイコンでデザインをカスタマイズし、SNS投稿やバナー用のテンプレートを活用して効率的にプロ仕様のデザインを制作します。

2 プルダウンメニューの「デザインを作成」をクリック。

3 Adobe Expressが自動的に起動する。

4 Adobe Expressの編集機能を使ってブラッシュアップする。

> 💡 **Hint**
>
> **ここでの作成例**
> 　ここでは、テンプレートを使って名刺を作成しています。名刺のテンプレートに生成した画像を円形にトリミングし、ダブルトーンで着色しました。

Chapter

09

カメラ撮影のようなカラー・構図を設定しよう

Adobe Firefly の「効果」機能を使うと、カラーやトーン、ライティング、カメラアングルを調整し、画像の印象を変えられます。例えば、写真の雰囲気をレトロ調にしたり、イラストを水彩画風にしたりすることができます。また、様々なカメラアングルから撮影したような効果を加えることも可能です。

この章では、これらの効果を組み合わせて、写真やイラストの雰囲気を変化させたり、細部を調整する方法を分かりやすく解説します。

SECTION 09-01 効果機能でビジュアルを進化

Fireflyの「効果」で理想のビジュアルに

「効果」機能を使えば、画像を思い通りにコントロールし、理想のビジュアルに近づきます。カラーとトーン、ライト、カメラアングルなどの細部を指定することで、生成される画像をより具体的で魅力的に仕上げることが可能です。

多彩な「効果」で実現する独創的な表現

Fireflyの「効果」機能を活用すれば、写真のリアルな質感からアート風の表現まで、様々なスタイルを瞬時に表現できます。また、プロンプトで指定した要素を忠実に再現し、必要に応じて構成やスタイルの参照を活用することで、一貫性のあるビジュアルを作り上げることもできます。プリセットされている様々な「効果」を組み合わせて、より個性的な表現や、思いもよらない効果を生み出すことが可能です。

▲プリセットしてある「スタイル」を選ぶことで様々な効果が実現できる

100以上の「スタイル」でプロンプトをサポート

▲プロンプト：
森の中の小さな家、
おとぎ話のシーン

▲フラットデザイン

▲ポップアート

▲フィルムノワール

カラー、トーン、ライティング、カメラアングルを自在に操る

　カラーとトーンでは、テーマに合った雰囲気や感情を的確に与えることができます。ライティング設定では自然光から、スタジオのように精密な照明まで、多彩な光源を選ぶことが可能です。さらに、カメラアングルの設定では、クローズアップや俯瞰視点など、様々な構図を手軽に指定できます。シンプルなプロンプトと高度なコントロール機能を活用しましょう。

●カラーとトーン

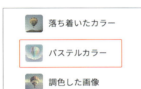

▲カラーとトーン：パステルカラー

●ライティング

▲ライト：バックライト

●カメラアングル

▲カメラ：俯瞰（ふかん）

効果機能：アートスタイル画面の見方

アートスタイルでプロンプトを補完

Adobe Fireflyの「効果」オプションは、画像生成の際にスタイルや雰囲気を視覚的にコントロールできる柔軟な機能です。このオプションでは、様々なカテゴリーから効果を選択できます。それぞれの効果が画像に異なる特徴や美しさをもたらします。

アートスタイルの選び方

1 画面左のオプションメニューで「効果」を選択。続いて、使いたいカテゴリーをクリックし、使いたいアートスタイルのアイコンをクリック。

💡 Hint

アートスタイル

Adobe Fireflyの「効果」セクションは、ワンクリックでプロンプトを補完してくれる便利な機能で、その種類は100以上です。
以下は、人気のある主なスタイルの例です。

・サイバーパンク
ネオンライト、未来都市、テクノロジー要素を強調したスタイル
鮮やかな色彩と暗い背景のコントラストが特徴

・ファンタジー
魔法、神話、架空の生き物などをモチーフにしたスタイル
柔らかな雰囲気と自然な色彩が特徴

・アールデコ
幾何学模様、装飾的なデザイン、豪華さを表現したスタイル
洗練された美しさと現代的な印象が特徴

・3Dアート
立体的でリアルな造形を表現するスタイル
質感や陰影を細かく表現し、奥行きのある画像が特徴

2 選んだ効果はテキスト入力欄に表示される。

SECTION 09-03 カラーとトーン調整

画像生成AIを活用し、カラーやトーンを調整する

カラーとトーン調整機能では、白黒や寒色、暖色、金色、単色、落ち着いたカラー、パステルカラー、調色した画像、鮮やかなカラーなど、幅広い色調を選択できます。

カラーやトーンの調整画面

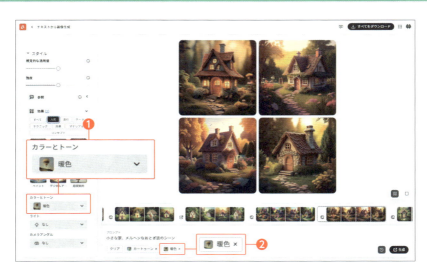

❶「カラーとトーン」をクリックするとプルダウンメニューが開く（下図）
❷ 選択した項目がプロンプト欄に表示される

▲カラーとトーンのプルダウンメニュー

▲プロンプト：小さな家、メルヘンなおとぎ話のシーン
　効果：カートゥーン
　カラーとトーン：指定なし

●白黒

▲特徴：色を使用せず、黒と白の濃淡で表現される
印象：高いコントラストがあり、シンプルでクラシックな雰囲気を醸し出す

●単色（例はグリーン）

▲特徴：画像全体が一色で構成される
印象：シンプルで統一感があり、特定の雰囲気を強調する

●寒色

▲特徴：青、紫、緑などの涼しい色調が中心となり、冷たい印象を与える
印象：冷静で清涼感があり、静寂な雰囲気を持つ

●暖色

▲特徴：赤、オレンジ、黄色など温かみのある色調が中心となる
印象：暖かく、活気に満ちた雰囲気を醸し出す

●鮮やかなカラー

▲特徴：鮮やかで強い彩度を持つ色が使用される
印象：目を引き、活気や元気を感じさせ、鮮烈で強烈な印象を与える

●落ち着いたカラー

▲特徴：地味で明るさを抑えたカラーが使用される
印象：穏やかでリラックスした雰囲気を醸し出す

●金色

▲ 特徴：金色や黄金色のトーンが主体となる
印象：贅沢で高級感があり、温かみと華やかさを表現する

●パステルカラー

▲ 特徴：淡いトーンの色調が主体で、柔らかく明るい印象を与える
印象：可愛らしさや柔らかい雰囲気を演出する

●調色した画像

◀ 特徴：複数の色が調和している
印象：複雑ながらもバランスが取れており、魅力的で豊かな表現が可能

⚠ Check

カラーとトーンをスイッチするとディティールが変わる

　Fireflyでは、生成した画像を違うテイストにしたい場合、プロンプトや効果を変更することで、画像を修正できます。カラーとトーンを変更して再生成すると、ディティールが変化することがあります。これは、AIが指定されたカラーとトーンに合うように画像を調整するためです。

▲ パステルカラー：丸みが多くメルヘンな世界観

▲ 金色：全体的にシャープになり豪華になる

ライティング効果

AIで光を操り、作品をより魅力的に

Adobe Fireflyのライティング効果は、AIの力で写真やイラストに様々な光の効果を加える機能です。スタジオ照明や自然光のような効果を、プロンプトで簡単に再現できます。SNSや広告用のビジュアルをより魅力的に仕上げたいときに最適です。

ライティングの調整画面

❶「ライト」をクリックするとプルダウンメニューが開く（下図）
❷選択した項目がプロンプト欄に表示される

▲ライトのプルダウンメニュー

▲プロンプト：スポーツタイプのシルバーの自動車が港の近くに停車している。
ライト：指定なし

●バックライト

▲被写体の背後から光を当てることで、被写体の輪郭を強調し、幻想的な雰囲気を演出するライティング効果。物撮影では髪の毛を輝かせたり、物撮りでは被写体を浮き上がらせる効果がある。

●ゴールデンアワー

▲日の出直後と日没直前の、太陽光が赤みを帯びた時間帯の光を再現するライティング効果。暖かくノスタルジックな雰囲気を演出し、風景写真やポートレートに最適。

●長時間露出

▲シャッター速度を遅くすることで、動くものをぼかして撮影するライティング効果。水の流れや光の軌跡を表現したり、幻想的な雰囲気を演出する際に使用される。

●ドラマチックな照明

▲明暗差を強くすることで、ドラマチックで印象的な雰囲気を演出するライティング効果。映画のワンシーンのような、緊張感や重厚感のある表現に最適。

●強い光

▲強烈な光を当てることで、被写体を明るく照らし出すライティング効果。スポーティーな雰囲気や、力強い印象を与えたいときに効果的。

●微光

▲薄暗い光を再現するライティング効果。落ち着いた雰囲気や、ミステリアスな表現に最適。

●多重露光

▲複数の写真を重ねて幻想的な効果を生み出すライティング効果。アーティスティックな表現や、夢の中のような雰囲気を演出したいときに効果的。

●スタジオ照明

▲スタジオで撮影したかのような、プロフェッショナルなライティング効果。物や商品の撮影に最適で、被写体を美しく際立たせる。

●超現実主義の光

◀現実にはありえないような、不思議な光を表現するライティング効果。非現実的な世界観や、幻想的な雰囲気を演出したいときに最適。

> 💡 **Hint**
>
> **ライトの効果にプロンプトを合わせよう**
>
> 　ライト効果と相性の良い言葉をプロンプトに組み込むことで、シナジー効果が生まれ、最適な画像を作成することができます。逆に効果とプロンプトが矛盾していると、思ったような画像ができません。
>
> **例**
> 効果：ゴールデンアワー / プロンプト：×夜景
> 効果：スタジオ照明 / プロンプト：×砂漠の地平線
>
>
>
> ▲ライト：超現実主義の光
> 　プロンプト：幻想的な森で瞑想している若い魔法使い、中世ヨーロッパを舞台としたRPGの世界
>
>
>
> ▲ライト：強い光
> 　プロンプト：南国のビーチでくつろぐ女性。パナマ帽を被ってトロピカルジュースを飲んでいる。

09-05 カメラアングルの効果

視点で表現を変えるAIアングル

カメラアングル機能は、AIを使って画像やイラストの視点や構図を変えることができます。俯瞰やクローズアップなど、様々なアングルから表現を選び、プロが撮影したような高品質なビジュアルを生成できます。

カメラアングルの調整画面

❶「カメラアングル」をクリックするとプルダウンメニューが開く（下図）
❷ 選択した項目がプロンプト欄に表示される

▲ カメラアングルのプルダウンメニュー

▲ プロンプト：アフリカの草原のシマウマ
　コンテンツの種類：写真
　カメラアングル：指定なし

●クローズアップ

▲被写体に近づいて撮影したような効果。被写体の細部を強調したり、迫力のある表現をする際に使用する。動物の表情や、花の質感などを際立たせることができる。

●風景写真

▲雄大な風景を撮影したような効果。広がりや奥行きを表現し、壮大なスケール感を演出する。山脈、海、空などの画像生成に最適。

●窓越しの撮影

▲窓越しに風景を撮影したような効果。窓枠や雨粒など、前景に要素を加えることで、奥行き感や雰囲気を演出することができる。

●ノーリング

▲複数の被写体を並べて、真上から撮影したような効果。被写体の形状や特徴を比較したり、整理された印象を与える際に有効。料理や小物の画像生成に適している。

●マクロ写真

▲肉眼では見えないほど小さな被写体を、拡大して撮影したような効果。昆虫の複眼や、植物の細胞など、微細な構造を鮮明に描写することができる。

●浅い被写界深度

▲背景をぼかして、被写体を際立たせる効果。ポートレートや物撮りで、被写体に視線を集めたいときに有効。

●俯瞰

▲高い位置から見下ろすように撮影した効果。被写体全体を捉えたり、周囲の状況を表現する際に使用する。街並み、建物、星の流れなどを俯瞰的に見せることができる。

●あおり

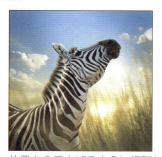

▲低い位置から見上げるように撮影した効果。被写体を大きく、力強く見せることができる。高層ビルやモニュメントなどの撮影に適している。

●表面のディティール

▲被写体の表面の質感や模様を強調する効果。木目や、布地の織り目など、細部をリアルに表現することができる。

●広角

▲広角レンズで広い範囲を撮影したような効果。風景など、ダイナミックな表現をしたいときに使用する。

> 💡 **Hint**
>
> **プロンプトに個体数を明記する**
>
> 　Fireflyのプロンプトで動物や人間を生成する場合、個体数を明記することが推奨されます。英語では単数・複数が明確ですが、日本語では曖昧なため、意図せず複数生成される可能性があります。

Chapter

10

生成AIのプロンプト

生成AIを最大限に活用するためには、プロンプトの設計が鍵
となります。この章では、Fireflyのプロンプトの特徴を詳しく
解説しながら、効果的なプロンプト作成のポイントをご紹介し
ます。

プロンプト作成のフレームワークを活用することで、生成結果
を自在にコントロールできます。独自に公式化したプロンプト
の作成方法や具体的なプロンプト例・応用テクニックも交え
ながら、思い通りのコンテンツを作る方法を解説します。

SECTION 10-01 生成AIのプロンプトとは

あなたとAIを結ぶ会話がプロンプト

生成のAIプロンプトとは、AIに対してユーザーが求めるコンテンツを指示するためのテキスト入力のことです。このプロンプトに基づき、AIは画像、テキスト、音声、動画など多様なコンテンツを生成します。

画像生成AIにおけるプロンプトの役割

　画像生成AIにおけるプロンプトは、生成したい画像の特徴をAIに伝えるためのテキストです。具体的には、被写体、構図、スタイル、雰囲気、背景、照明など、画像に関する様々な情報をプロンプトで指定することができます。

　画像生成AIは、入力されたプロンプトを解釈し、その指示に基づいて画像を生成します。プロンプトが具体的で詳細であればあるほど、AIはユーザーの意図を理解しやすくなり、より期待に近い画像を生成することができます。

　例えば、「犬」というプロンプトを入力すると、一般的な犬の画像が生成されます（図1）。しかし「芝生の上で遊ぶ、茶色い毛並みのゴールデンレトリバーの子犬、リアルな写真」のように詳細なプロンプトを入力することで、より具体的でイメージに近い犬の画像（図2）を生成することができます。

▲図1

▲図2

⚠ Check

プロンプトは少なくとも3つ以上の単語を使用

　Adobeによるとプロンプトは具体性が必要で、少なくとも3つの単語を使用することを推奨しています。そして「生成する」や「してください」などの言葉は避けるようにしてください。

▲言葉が少ないと「プロンプトが短すぎます」というアラートが出る

SECTION 10-02 プロンプトの基本

効果的なプロンプト作成のポイント

Adobe Firefly は、テキストプロンプトから画像を生成する AI ツールです。プロンプトとは、AI への指示となるテキストのこと。このプロンプトの質によって、生成される画像のクオリティは大きく変わります。目的の画像を生成するには、プロンプトにどのような情報を盛り込めば良いのでしょうか？ より効果的なプロンプト作成のためのポイントをご紹介します。

Firefly プロンプトの基本

プロンプトは、具体的であればあるほど、AI があなたの意図を理解しやすくなります。

被写体：人物、動物、建物、物など、画像のメインとなる被写体を指定
特徴：被写体の詳細な特徴を記述
　（人物であれば年齢、性別、髪型、服装、表情など、動物であれば種類、色、大きさ、ポーズなど、建物であれば形状、素材、高さ、時代など、物であれば色、形、大きさ、素材、状態など）
スタイル：画像のスタイルを指定（写真、イラスト、絵画、CG など）
雰囲気：画像の雰囲気を指定（明るい、暗い、楽しい、悲しい、静か、賑やかなど）
背景：画像の背景を指定（風景、建物、色、模様など）
照明：画像の照明を指定（自然光、人工光、明るい、暗いなど）

▲プロンプトの例「赤いドレスを着た女性が、夕焼けのビーチで踊っている写真」

▲リアルなスタイルで描かれた、森の中を歩く鹿のイラスト

▲水彩画タッチで描かれた、パリの街並みの絵画

▲SF映画のような雰囲気の、未来都市のコンセプトアート

SECTION 10-03 プロンプトの公式

プロンプトで画像生成を思い通りに

2025年3月時点でのAdobe Fireflyの最新モデル「Image 3」では、プロンプトの理解が強化されています。従来のモデルでは、長文や多要素を含むプロンプトが意図通りに解釈されないことがありましたが、Image 3では、複雑な構造のプロンプトでも正確に意味を捉え、反映する能力が向上しています。これまでの解説を踏まえ、プロンプト作成の公式を、3つのシチュエーションごとに分けて解説します。なお、コンテンツの種類についてはSECTION08-05「テキストから画像生成」を参照してください

公式①物・動物・建築物・物質などの被写体を生成

被写体を明確に指定し、その特徴やスタイルを記述します。

コンテンツの種類：写真
人物のプロンプト例：
長い黒髪で黒い瞳の日本人女性、20歳、白いレースのドレス、自然光が当たる、暖かく柔らかな雰囲気

コンテンツの種類：アート
建築物のプロンプト例：
古代ギリシャの神殿、廃墟のように苔が覆っている、柔らかな青空の下、写実的

コンテンツの種類：写真
生物のプロンプト例：
青いモルフォ蝶、翅の鱗粉の輝きを捉え、花にとまる瞬間、自然光、鮮やかな色彩、マクロ写真

コンテンツ：写真
物質のプロンプト例：
カットが施され、光が反射して輝くダイヤモンド、透明感と硬質な質感を表現、暗い背景、スポットライト

公式② 景色など情景を生成

自然や街並み、幻想的な風景を描く場合の公式です。

[シーン/情景の種類] + [詳細な描写] + [自然要素/建物] + [スタイル/技法] + [感情/雰囲気] + [照明/色彩]

コンテンツの種類：アート
自然景観のプロンプト例：
静かな山間の湖、朝霧が立ち込め、松の木々に囲まれている、暖かく穏やかな雰囲気

コンテンツの種類：写真
都市景観のプロンプト例：
雨が降る夜の賑わう繁華街、ネオン看板が反射している、未来的な都市の雰囲気

コンテンツの種類：アート
ファンタジー/非現実的な景観のプロンプト例：
空に浮かぶ島々、滝が空中に流れ込む、夢のような風景

公式③抽象的なコンセプトやアート、イメージなどを生成

[テーマ/モチーフ] + [形状/質感] + [カラーパレット] + [スタイル/技法] + [感情/雰囲気] + [背景/光の効果]

コンテンツの種類：アート
抽象アートのプロンプト例：
鮮やかな色彩が流れるような抽象画、青と金を基調、ダイナミックでエネルギッシュな雰囲気

コンテンツの種類：アート
コンセプトアートプロンプト例：
サイバーパンクの世界観、紫と青のネオンが輝く未来の風景

💡 Hint

描写のテクニック

・五感を刺激する表現
　視覚的な情報だけでなく、聴覚、嗅覚、触覚、味覚を刺激する言葉を加えることで、画像に深みとリアリティを与えることができます。

・感情表現
　感情を表す言葉を加えることで、画像に感情的なニュアンスを与えることができます。

▲プロンプト：
ジューシーなハンバーガー、溶けるチーズの質感、香ばしい香りが漂う

▲プロンプト：
廃墟から覗く子供の怯えた瞳、不安そうな表情

アニメ風画像のプロンプト

日本が誇るアニメ文化を画像生成

日本が誇るアニメ文化。Adobe Fireflyは著作権遵守を徹底し、既存アニメキャラクターを学習していません。そのため、過去のモデルではアニメスタイルの画像生成が難しい場合がありました。しかし、最新モデル「Image3」では、画質やディテールが大幅に向上。適切なプロンプトを活用することで、プロのクリエイターが描いたようなクオリティのアニメ画像を生成できます。この記事では、そのプロンプト作成のポイントを解説します。

オーソドックスな日本のアニメ風

日本のアニメ風の画像を生成するには、効果に「アニメ」を設定するだけでなく、プロンプトに「日本のアニメスタイル」「日本のアニメ風」「アニメ塗り」「シャープライン」などのキーワードを含めることが有効です。女性の表現は、「少女」や「女子高生」などの単語のみを羅列したプロンプトでは、Fireflyのガイドラインに抵触する可能性が高く、画像が生成されない場合があります。

「人を待っている女子高生」のように、年齢や状況が明確に分かるプロンプトを作成することで、ガイドラインに抵触せずに画像を生成できる可能性が高まります。

以下の設定が効果的です。好みに合わせて選択してください。

コンテンツの種類：アート
効果：テーマ…アニメ、カートゥーン、ベクター風テクニック…水彩画、スケッチ、線画、手書きテクスチャなど
プロンプトに記述するワード：日本のアニメスタイル、日本のアニメ風、アニメ塗り、シャープライン

コンテンツの種類：アート 効果：アニメ、水彩画
プロンプト：
人を待っている女子高生、スマホの画面を見ている、高校の制服を着ている、日本のアニメスタイル

効果で手書きテクスチャ（テーマ）を選択すると、ほのぼのしたアニメタッチが表現できます。

コンテンツの種類：アート
効果：アニメ、手書きテクスチャ
プロンプト：
草原を歩く15歳の少女、白いドレスを着ている、爽やかな笑顔、草原には静かな風が吹き草花がなびいている、日本のアニメ風

　効果で線画（テーマ）を選択すると、シャープなアニメタッチになります。線画はモノクロが基調なので、色付けするにはカラーとトーンで「鮮やかなカラー」などを選択します。

コンテンツの種類：アート
効果：アニメ、線画
カラーとトーン：鮮やかなカラー
プロンプト：
20歳の男性ライダーがバイクのヘルメットを脱いでいる。アニメ映画のようなシーン、日本スタイルのアニメ

より詳細なプロンプトを作成しました。長文のプロンプトでは、先に記述された内容が優先されるとされているため、画風を表現する「日本のアニメスタイル、アニメ塗り、シャープライン」という要素を最初に記載しています。

コンテンツの種類：アート
効果：アニメ
プロンプト：
日本のアニメスタイル、アニメ塗り、シャープライン、ピンクと紫のグラデーションがかかった大きくて明るい星のような目をした女性、大きなピンクのリボンの紫のロングヘア、赤と白のフリルの付いたアイドルコスチュームを着ている

劇画風アニメスタイル

　Fireflyでは、劇画風の画像を生成することも可能です。効果で「線画」や「太い線」を選択することでハードボイルドなイラストや写実的な画像の生成ができます。プロンプトに「日本の劇画スタイル」と記載してください。劇画らしくならないときは「万年筆で描いたシャープな線画」とプロンプトに記載すると効果的です。

コンテンツの種類：アート
効果：
テーマ…アニメ、コミックブック
テクニック…線画、スケッチ、太い線など
プロンプトに記述するワード：日本の劇画スタイル、万年筆で描いたシャープな線画

コンテンツの種類：アート
効果：アニメ、太い線、スケッチ
プロンプト：
強烈な目と超能力を持つ若い男のクローズアップ。レザージャケットを着て、日本の劇画スタイル

コンテンツの種類：アート
効果：アニメ、太い線 カメラアングル：あおり
プロンプト：
ビルの谷間に座る25歳の女性戦闘員、青いボブヘアーと光る青い目で睨んでいる、終末世界を描いたアニメ映画、万年筆で描いたシャープな線画、強いコントラスト、日本の劇画スタイル

コンテンツの種類：アート
効果：アニメ、スケッチ
カメラアングル：俯瞰（ふかん）
プロンプト：女性が海辺でトロピカルジュースを飲んでくつろいでいる。日本の劇画スタイル

イラスト素材にも使えるキャラクターアニメ

ひと手間かけると、マスコットキャラも簡単にできます。図のようなシンプルな画像をスタイル参照させ、効果とプロンプトを設定すれば、面白いように生成できます。

以下の設定が効果的です。

コンテンツの種類：アート
効果：テーマ…アニメ、フラットデザイン
スタイル参照：以下のサンプル画像をスマートフォンで読み込んでください。

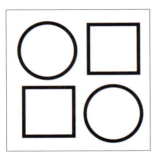

スタイル参照に読み込むサンプル画像

> 💡**Hint**
>
> **スタイル参照画像**
>
> 　スタイル参照画像には、手書きの画像も使用できます。画像の色やタッチが生成結果に反映されます。
>
> 　前ページは、等幅の黒い線を生成する際に、スタイル参照画像として使用できる図の例です。線の幅、色、筆致、水彩画のタッチなど、様々なスタイルの画像をアップロードすることで、生成結果を変化させることができます。スタイル参照に画像をアップロードする方法は、SECTION08-06の「構成参照」と「スタイル参照」を参照してください。

キャラクターアニメの生成結果

　テーマで「アニメ」と「フラットデザイン」の効果を使い、スタイル参照します。プロンプトのキーワードには「ちび」、「アイコン」、「背景ホワイト」を記載してください。

　あとはキャラクターの設定をプロンプトに入力すれば、以下のような可愛いキャラクターを生成することができます。

●アイドル

コンテンツの種類：アート
効果：アニメ、フラットデザイン
プロンプト：ピンクの目をした少女、紫のヘア、フリルの付いたアイドルコスチュームを着ている、ちび、アイコン、背景ホワイト

●デリバリースタッフ

コンテンツの種類：アート
効果：アニメ、フラットデザイン
プロンプト：デリバリースタッフ、ピザケースを運んでいる、ちび、アイコン、背景ホワイト

●インフォメーションスタッフ

コンテンツの種類：アート
効果：アニメ、フラットデザイン
プロンプト：赤いビジネススーツの女性、手招きのポーズ、ちび、アイコン、背景ホワイト

●整体師

コンテンツの種類：アート
効果：アニメ、フラットデザイン
プロンプト：白いスクラブを着ている男性マッサージ師、両手でサムアップ、ちび、アイコン、背景ホワイト

●シェフ

コンテンツの種類：アート
効果：アニメ、フラットデザイン
プロンプト：洋食のコック、男性、ヒゲ、ちび、アイコン、背景ホワイト

● 美容師

コンテンツの種類：アート
効果：アニメ、フラットデザイン
プロンプト：美容師、ハサミとクシを手に持っている、ちび、アイコン、背景ホワイト

 Hint

プロンプトに問題あり？

　Adobe Fireflyで生成した際に「読み込めません：このプロンプトは処理できません。」と表示される場合、いくつかの原因が考えられます

・不適切な単語やフレーズ

　Fireflyは、暴力的、性的、差別的な表現を含むプロンプトを拒否するように設計されています。また、個人情報やプライバシーに関わる情報を含むプロンプトも処理できません。

・複雑すぎるプロンプト

　プロンプトが長すぎたり、複雑すぎたりすると、Fireflyが正しく解釈できない場合があります。簡潔で明確なプロンプトを心がけましょう。また矛盾した文が入っている、例えば「一人の男性、彼らは…」では男性は一人なのか複数なのか区別がつきません。

⚠ Check

Adobe Firefly とハルシネーション：正確な情報生成のために

Adobe Fireflyは、高品質な画像やテキスト効果を生成する強力なAIツールですが、ときには「ハルシネーション」と呼ばれる現象が発生することがあります。これは、AIが事実とは異なる情報や画像を生成してしまう現象です。

以下のような現象が現れたときは、生成された画像を批判的に評価したり、ハルシネーションを発見した場合は、Adobeに報告して品質向上に協力することも大切です。

【ハルシネーションの例】
・実在しない人物や物体を生成する
・画像に存在しない要素を追加する
・テキストに事実と異なる情報を記述する

【ハルシネーションの原因】
・AIの学習データに偏りがある
・入力されたプロンプトが曖昧である
・AIのアルゴリズムの限界

📝 Note

文字を入れるプロンプト

Adobe Fireflyは、生成画像内に文字を表示することが可能です。ただし、2025年3月現在日本語には対応していません。

プロンプト：
ダークなグラデーションの背景に浮かび上がるネオンライトで描かれた「Welcome」、シンプルなサンセリフフォント、発光するエフェクト

プロンプト：
スマホを大事に抱えた猫。スマホの画面には「CAT」と書かれている。

Chapter

11

Adobe Creative Cloud

Adobe Creative Cloudは、デザインからコラボレーションまで多彩な機能を提供するツールの集大成です。この章では、Creative Cloudの基本機能や使い方について解説します。Adobe Expressなどの主要Adobeアプリとの連携方法や、ストレージ機能の活用術を学びましょう。

Creative Cloudは初心者からプロまで幅広いユーザーに対応した設計で、無料プランでも高品質なデザインツールが揃っています。テンプレートや豊富な素材を活用して、手軽にクリエイティブなプロジェクトを始められます。また、有料プランを選択すれば、さらに高度な機能や追加ストレージを利用できます。

SECTION 11-01 無料で使えるAdobeのデザインツール Creative Cloud

写真素材、イラスト、ビデオ、フォント、カラーパネル、他にもたくさん

Adobe Creative Cloud（アドビ・クリエイティブ・クラウド）は、多彩なデザインツールを提供しています。Adobe Expressをはじめ、無料とは思えない高機能です。これらのツールを活用すれば、コストをかけずに質の高いデザインを実現できます。

クリエイティブツールが揃っているポータルサイト

　Adobe Creative Cloud（※本書では「Creative Cloud」と表記する場合があります）のWebサイトでは、クリエイティブ向けの多くのAdobeツールが提供されています。Adobe Expressもその一つです。高品質のフリー素材「Adobe Stock」、多彩なフォントが揃う「Adobe Fonts」、理想的な配色が見つかる「Adobe Color」。「Firefly」は最新テクノロジーの画像生成AIです。Web版・PC版・モバイル版のアプリはすべて連携しています。

　無料機能をうまく使って、作品制作を楽しみましょう。さらにこだわりの機能が必要な場合は、有料プランも検討してみてください。

▲Creative Cloudトップページ（https://www.adobe.com/home）

SECTION 11-02 Creative Cloudにアクセスする

Adobe Expressのアカウントで簡単スタート

Adobe Expressユーザーであれば、Creative Cloudの機能をすぐに利用できます。追加の登録手続きは不要で、同じアカウント情報を使ってAdobe StockやAdobe Fontsなどのアプリにアクセス可能です。

Adobe ExpressからCreative Cloudにアクセスする

1 上部のメニューバーの「Webアプリとサービス」アイコンをクリック。

2 「Creative Cloud」をクリック。

3 Creative Cloudのホーム画面が表示される。

英語表記になっていた場合の日本語表記への変更方法

1 表示が英語になっている。

2 右上のアカウントアイコンをクリックし、「Preferences」をクリック。

3 「Language」のプルダウンメニューから「日本語」を選択し、「Done」をクリック。

4 日本語表記になる。

SECTION 11-03 Creative CloudはAdobeツールのハブ

すべてのAdobeツールにアクセスできる

Creative Cloudは、Adobe Express、Photoshop、IllustratorなどのAdobeアプリ、Adobe Stock、Adobe Fonts、Adobe Colorなどのデザインサービスを一元管理できるハブとして機能します。ユーザーは複数のツールを効率的に活用し、シームレスな制作フローを実現できます。クラウドストレージや共有機能も充実し、コラボレーションが円滑に行えます。

Creative Cloudのホーム画面

❶ ヘッダーアイコン
❷ ナビゲーションバー
❸ 「ホーム」アイコン
❹ Adobe Fireflyへのアクセス
❺ 最近使用したファイル

●ナビゲーションバー

❶ プランと製品：Adobe 製品とサービスの案内
❷ Adobe内の検索
❸ ヘルプ：ヘルプページの表示、問い合わせ
❹ 通知：アクティビティと通知
❺ Web アプリとサービス
❻ アカウント管理

▲Webアプリとサービス

アカウント管理画面

アカウント管理画面は、ユーザーが自分のアカウント情報を簡単に確認・更新できる便利な機能です。プロフィールの編集、サブスクリプションの状態確認、表示画面の設定などが可能です。

❶ アカウントアイコン
❷ 登録内容の確認、アカウント名・メール・パスワードの変更などが行える
❸ 生成AIクレジットの消費状況
❹ デスクトップ版のCreative Cloudをインストールできる
❺ 環境設定

●環境設定

❶ 言語をプルダウンメニューから変更できる
❷ プルダウンメニューからウィンドウのカラーを変更できる
「システム環境設定に従う」「暗いテーマ」「明るいテーマ」から選択

> 📝 **Note**
>
> **Creative Cloudのデスクトップ版**
>
> デスクトップ版をインストールすると、メニューバーにCreative Cloudのアイコンが表示され、ブラウザを立ち上げることなくすぐにアプリを起動できるようになります。また、ファイルのアップロードもドラッグ＆ドロップでアップロードできます。なお、無料版とプレミアムプランでは、操作できる範囲が異なります。
>
>

> 📝 **Note**
>
> **生成AIクレジット**
>
> 生成AIクレジットは、Adobe Creative Cloudの一部として提供されるクレジットシステムで、ユーザーがAdobe Fireflyや他の生成AI機能を利用する際に必要です。これらのクレジットは、特定のアクションを実行するたびに消費され、毎月リセットされます。
>
> クレジットの消費方法としては、生成AI機能を使用する際に発生します。例えば、「生成塗りつぶし」や「テキストから画像生成」を利用する場合、1回の操作ごとに1クレジットが消費されます。
>
> ▼Adobe Expressで付与されるプラン別の生成クレジット数
>
> プレミアムプラン：250クレジット/月
> 無料ユーザー：25クレジット/月

Creative Cloudのアプリ選択画面

ナビゲーションバーの「アプリ」をクリックして、すべてのアプリを表示します。

❶ ナビゲーションバー
❷ 「アプリ」アイコン
❸ メニューバー
❹ クリックして隠れているメニューを表示する
❺ Adobe Creative Cloud で使えるすべてのアプリとツール

●CCサービス

メニューバーの「CCサービス」をクリックすると、フリー素材サイト「Adobe Stock」(SECTION12-02)、「Adobe Fonts」(SECTION12-04)、「Adobe Color」(SECTION13-01)のようなサービスを提供しているWebサイトのリンク画面が表示されます(「CCサービス」が見えないときはメニューバーの「>」をクリック)。

SECTION 11-04 Adobeアプリから直接保存できる Creative Cloudストレージとは

安全・簡単なファイル保存

Creative Cloudストレージは、ユーザーがプロジェクトやファイルを安全に保存し、パソコンやスマートフォンなど、どのデバイスからでも簡単にアクセスできるクラウドサービスです。Adobe ExpressだけでなくPhotoshopやIllustratorで作成したファイルをクラウドに保存すると、別のデバイスからも同じプロジェクトにアクセスでき、作業を続けられます。データはAdobeの強力なセキュリティで守られており、安心して利用できます。

Creative Cloudストレージの基本画面

フォルダ作成、共有オプションなど、クリエイティブなプロジェクトを円滑に進めるための便利なツールが揃っています。ナビゲーションバーには「ファイル」「ライブラリ」「共有」などのタブがあり、ファイルを簡単に整理したり、共有設定を行ったりできます。ドラッグ&ドロップによるアップロードや、フォルダ作成によるプロジェクトの整理も可能です。

ストレージの使用量が画面内に表示されているため一目で分かり、スムーズに管理を行うことができます。

ストレージ容量は、無料プランで5GB、プレミアムプランで100GBです。

Creative Cloudアプリから直接保存する

　Photoshop、Illustrator、InDesignなどのCreative Cloudアプリでは、ファイルを直接Creative Cloudストレージに保存することができます。各アプリのファイルメニューから「別名で保存」を選択し、保存先に「Creative Cloud」を選択して保存します。

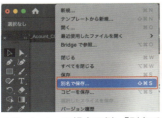

▲Illustratorの場合の例。「別名で保存」をクリック

▲「Creative Cloudに保存」をクリック

⚠ Check

Adobe Expressは自動で保存される
　Adobe Expressのファイルは、新規作成を始めてから編集内容が変更されるたび、自動的にCreative Cloudストレージに保存されます。そのため、保存ボタンをクリックする必要はありませんし、突然のソフトウェアのクラッシュやコンピュータのシャットダウンが発生した場合でも、作業内容が失われることはありません。

Creative CloudストレージのファイルをAdobe Expressで開く

1 Creative Cloudページのメニューバーで「ファイル」をクリック。

2 開きたいファイルを右クリックし、「Webで開く」をクリック。

3 Adobe Expressが起動する。

⚠ Check

Creative Cloudアプリからファイルを開く

各アプリのファイルメニューから「開く」を選択し、Creative Cloudストレージから目的のファイルを選んでダブルクリックするとファイルが開きます。更新して保存すると、Creative Cloudストレージに保存されます。

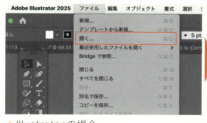
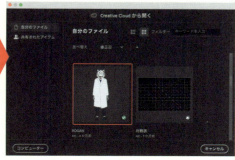

▲ Illustratorの場合

Adobe以外のファイルをアップロードする

1 Creative Cloudデスクトップアプリを起動し、メニューバーの「ファイル」をクリック。

⚠ Check
Creative Cloudのデスクトップアプリを使う
Creative Cloudのデスクトップアプリを使えば、Adobeアプリ以外のファイルをCreative Cloudストレージにアップロードできます。PDF、画像、動画、Word、Excelなども大丈夫です。

2 右側の「+」アイコンをクリックし、「アップロード」を選択してファイルをアップロード。

⚠ Check
その他のアップロード方法
ファイルをウィンドウにドラッグ＆ドロップしてもアップロードできます。

Chapter

12

Adobe Stock初心者でも
安心！素材探しのコツ

写真・イラスト・動画・オーディオなど、デザイン初心者の方
でも、Adobe Stockを使えば簡単に高品質な素材が見つかり
ます。この章では、検索バーやフィルター機能を活用して、目
的の画像やイラストを素早く探す方法を分かりやすく解説しま
す。無料素材も充実しており、作りたいデザインにぴったりの
アイテムがきっと見つかるはず。素材を上手に使って、デザイ
ンの第一歩を踏み出しましょう。

高品質な素材が揃うAdobe Stock

素材活用でクリエイティブ向上

Adobe Stockは、約2億点の高品質な画像、ビデオ、イラスト、テンプレートを提供するプラットフォームです。これを活用することで、プロジェクトの質を高め、時間の節約も可能です。効果的な検索やお気に入り機能を駆使すれば、より効率的に制作を進められます。

Webサイトからなら、もっと詳しく検索できる

Creative Cloudアプリに統合されているため、Adobe Express、Photoshop、Illustratorを使用中でもアプリを切り替えずに素材を簡単に検索・使用できます。より詳しい検索が必要な場合は、Adobe StockのWebサイトにアクセスすると、キーワード検索やフィルター機能を活用して、必要な素材を効率よく見つけられます。

1 Creative Cloudのナビゲーションバーで、「アプリ」＞「CCサービス」をクリック。表示された一覧から Adobe Stockの「開く」をクリック。

▲https://stock.adobe.com/jp/

SECTION 12-02

Adobe Stockサイトの構成

直感的で使いやすいインターフェース

トップページには最近のプロジェクトやテンプレートが表示されます。また、プロジェクトの作成や編集を行うための各種メニューもここに集約されています。

Adobe Stockトップページの構成

❶ **カテゴリー**：
写真、イラスト、ベクター、ビデオ、テンプレート、無料素材、フォント、生成AI、その他（オーディオ、3D、プラグイン）

❷ **検索窓**：キーワードで素材を探す

> 📝 **Note**
>
> **Adobe Stockに作品投稿で副収入**
>
> Adobe Stockでは、自身で撮影・制作した写真やイラストなどのコンテンツを投稿できます。Adobe Stockのコントリビューターとは、これらのコンテンツをAdobe Stockに提供し、ダウンロード数に応じて報酬を得る登録者のことです。投稿には、コントリビューターとして登録し、ガイドラインを遵守する必要があります。投稿したコンテンツがダウンロードされると、報酬が得られる仕組みです。副収入にチャレンジしませんか？Adobe Fireflyなどの生成AIで作成した画像も、特定の条件を満たせば投稿可能です。
> 登録は、Adobe Stockサイトの「作品投稿」ページから行えます。

SECTION 12-03 フリー素材の検索方法

無料素材を簡単検索

Adobe Stockでは、フリー素材の検索が簡単です。検索バーを活用して無料素材を探し、フィルター機能を使って結果を絞り込むことで、目的のコンテンツを素早く見つけられます。

素材を効率的に探す

1 検索窓内左にあるカテゴリーのプルダウンで、「無料素材」を選択。

> ⚠️ **Check**
>
> **プランによって使える素材が違う**
>
> Adobe Stockでは、利用するプランによってアクセスできる素材が異なります。完全な無料プラン、コンプリートプラン、各アプリの単独サブスクリプションによって、利用できる素材の範囲が変わります。ここでは、Adobe Expressの無料プランとプレミアムプランでの利用方法について説明します。

2 検索窓にキーワードを入力し、[Enter]キーを押す。また、左側のフィルターで条件の絞り込みができる。

> 💡 **Hint**
>
> **検索のコツ**
>
> 例えば、「パソコン」を検索するときは、「パソコン」「PC」「デスクトップ」「ラップトップ」など、様々な言い方で検索できます。素材には複数のキーワードがタグ付けされているため、異なる言葉で試してみると良いでしょう。犬の素材を探したい場合も、「犬」だけでなく、「トイプードル」や「フレンチブルドッグ」など、犬種ごとのキーワードで検索すると効率的です。
>
> また、Adobe Stockの素材は世界中のクリエイターによってアップロードされているため、キーワードを英語に翻訳して検索すると、異なる結果が表示されることがあります。

3 使いたい素材の上でマウスオーバーすると現れる「ライセンスを取得」をクリック。

4 PCとCreative Cloudストレージに自動的に保存される。

Hint

似た画像を探す

似たような画像を探したい場合は、素材画像の上でマウスオーバーするとカメラのアイコンが表示されます。このアイコンをクリックすると類似画像が表示されます。

SECTION 12-04 Adobe Fontsフォントでデザインをもっと魅力的に

多彩なフォントで表現力アップ

Adobe Expressでは、Adobe Fontsの豊富なフォントが利用可能です。プロジェクトのテキスト部分を魅力的に仕上げるためのフォントが多数揃い、無料プランでも6,000以上のフォントを使用できます。

Adobe Fontsを開く

1 Creative Cloudのナビゲーションバーで「アプリ」＞「CCサービス」をクリック。一覧からAdobe Fontsの「開く」をクリック。

> ⚠ **Check**
>
> **デザインはフォントで決まる**
> フォントはデザインのイメージを形作り、そのアイデンティティを決定づける重要な要素です。適切なフォント選びによって、デザインの雰囲気や印象が大きく左右されますAdobe Fontsの豊富なライブラリを利用し、プロジェクトにぴったり合った様々なスタイルのフォントを見つけることができます。

2 Adobe Fontsのトップページが表示される。メニューバーの「すべてを参照」をクリック。

Adobe Fonts の検索画面

❶ **サンプルテキスト入力欄**：任意の文字を入力できる
❷ サンプルテキスト入力欄に入力した文字が表示される
❸ **フィルター機能**：フォントの言語、ゴシック、明朝、太さ、飾りなどのフィルターで検索
❹ 検索されたフォント

📝 Note

UDフォントとは

UD（Universal Design）フォントは年齢や性別、障がいの有無を問わず、すべての人が読みやすく、見やすいように設計されたフォントです。
Adobe Fontsでは、モリサワやフォントワークスがUDフォントを提供しています。

・読みやすさ
シンプルな形状や太めの線、はっきりとしたコントラストにより、文字が視認しやすくなっている

・見やすさ
字間や行間が広めに取られ、文字が大きく、適切な余白が確保されている

・識別しやすさ
似た形の文字が判別しやすいようにデザインされている。特に、濁点や半濁点は大きめに設計され、識別しやすくなっている

・美しさ
機能性だけでなく、美的なバランスにも配慮したデザインが特徴

・活用シーン
UDフォントは、文章の読みやすさを重視したコンテンツに適している

フォントを追加する

1 使いたいフォントの「ファミリーを追加」をクリック。

> ⚠ **Check**
>
> **インストール不要で使える**
> 通常、フォントを使うにはパソコンにインストールする必要がありますが、Adobe Fontsは違います。
> Adobeのアプリ（Express、Photoshop、Illustratorなど）で使うだけなら、Adobe Fontsにあるフォントは「追加」と選択するだけで、すぐに使えるようになります。「アクティベートする」という意味で、難しい設定やインストール作業は一切不要です。

2 追加したフォントがアプリのフォントメニューに表示され、使えるようになる（画面はAdobe Express）。

Adobe以外のアプリでフォントを使う

1 「ファミリーを追加」した後（前ページの手順1）に表示されるウィンドウで「アプリを開く」をクリック。

⚠ Check

Creative Cloudのデスクトップ版のみ

Adobe Fontsをパソコンにインストールすれば、WordやExcelなどのAdobe以外のアプリでも使えるようになります。この操作をするには、Creative Cloudのデスクトップ版をインストールしておく必要があります。

2 Creative Cloudのデスクトップアプリが起動したら「ファミリーをインストール」をクリック。

3 フォントのインストールが終了すると「アドビアプリと他社アプリで使用」という表記に変わる。

4 インストールしたAdobe FontsがWordで使えるようになる。

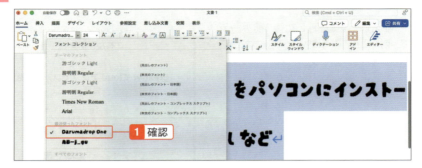

Chapter

13

配色に困ったら
Adobe Colorが解決

Adobe Colorは、初心者でも簡単に使える配色作成ツールです。この章では、カラーホイールや画像から色を抽出する機能を活用して、作りたいデザインにぴったりのカラーパレットを作る方法を紹介します。特別な知識やインストールは不要で、直感的に配色を調整できます。さらに、作成したパレットはCreative Cloudに保存し、Adobe ExpressやPhotoshopでそのまま利用可能です。配色を工夫して、デザインを一段と魅力的に仕上げましょう。

SECTION 13-01

Adobe Color とは

配色作成のための無料ツール

Adobe Colorは、オンラインで使える無料のカラーパレット作成ツールで、デザインに役立つ多彩な機能を備えています。これを使えば、カラーパレットの作成やカラーホイールを用いた配色調整が簡単に行えます。プロジェクトに合った配色を見つけましょう。

初心者でも最適の色の組み合わせが作れる

Adobe Colorは、初心者でも簡単に使える無料のツールです。Webブラウザで開いて、カラーホイールを回したり色を選ぶだけで、バランスの取れたカラーパレットを作成できます。さらに、画像をアップロードして、その中の色を使ってパレットを作ることもでき、特別なインスピレーションが得られます。Adobe Colorで作成したカラーパレットは、Creative Cloudのライブラリに保存してAdobe Express、IllustratorやPhotoshopなどのアプリで活用できます。色の知識がなくても、直感的に色を探せるので、初心者にもおすすめです。

▲カラーホイールでオリジナルの文字パレットができる

▲カラー、ムード、キーワードで配色を探せる

▲画像から色抽出して最適の配色が見つかる

▲業界における最新のカラートレンドを参照できる

Adobe Colorにアクセスする

1 Creative Cloudのナビゲーションバーで「アプリ」＞「CCサービス」をクリック。一覧からAdobe Colorの「開く」をクリック。

📋 Note

Adobe Colorへのアクセス

Adobe Colorは、Creative Cloudから簡単にアクセスできます。以下のアドレスから直接アクセスもできます。
https://color.adobe.com/ja/

2 最初に表示されるページはトップページではなく作成サイト（カラーホイール）。

13 配色に困ったらAdobe Colorが解決

351

Adobe Color の画面構成

効率的に色を探索・編集

Adobe Colorは、色の組み合わせを考える際に必要な情報を視覚的に提供し、デザイン作業をサポートします。シンプルで使いやすいインターフェースにより、初心者からプロまで幅広いユーザーに対応しています。

画面構成は直感的で使いやすい

　最初に表示されるのは作業ページのカラーホイールになっています。最上段の「Adobe Color」をクリックすると、Adobe Colorのトップページへ移動します。
　トップページからは、「Adobe Colorの概要を表示」「カラーテーマの作成」「テーマとグラデーションを抽出」「アクセシビリティ対応テーマの作成」などを行うページにそれぞれアクセスできます。

● カラーホイールのページ

◀「Adobe Color」をクリックすると、Adobe Colorのトップページへ移動

▲「Adobe Color」をクリックすると、Adobe Colorのトップページへ移動

● Adobe Colorのトップページ

◀「作成」をクリックすると、カラーパレットの作成ページへ移動

13-03 カラーホイール

直感的ながら配色ルールに沿ったカラーパレットが作れる

Adobe Colorはブラウザで使えるので、ソフトのインストールは必要ありません。類似色や補色などのカラーハーモニールールを適用することで、デザイン初心者でも簡単に、バランスの取れたカラーパレットを作成できます。

初心者でも最適の色の組み合わせが作れる

色の組み合わせルール（似た色や反対色の組み合わせなど）を選んで、ホイールを動かすだけで簡単に配色を決められます。

❶ **カラーハーモニーの選択（プルダウンメニュー）**
❷ **カラーモードの選択（プルダウンメニュー）**：色を数値で表現する方法で、「RGB」「HSB」「LAB」から選択する
❸ **ベースカラー**：このカラーを基本に、調和するその他のカラーが設定される

ベースカラーの○をマウスで動かすと、カラーハーモニーのルールに従って自動的に調和するカラーパレットが作成されます。

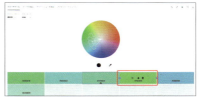

カラーハーモニーを自動で作成

　Adobe Colorのカラーハーモニールールは、色彩理論に基づき、特定の色を基に調和の取れた配色を自動的に生成する方法です。これにより、デザインでバランスの取れた色の組み合わせを簡単に作成できます。

▲プルダウンメニューでカラーハーモニーを選択することができる

●類似色

　類似色とは、色相環（色を円環状に配置したもの）で近い位置にある色を選ぶ配色です。全体に統一感が出るため、落ち着いた印象を与えられます。遠近感やグラデーション表現に適しており、デザインに一貫性を持たせたい場合に効果的です。例えば、青〜紫〜ピンクの組み合わせがあります。

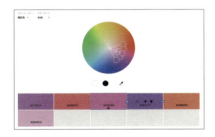

●モノクロマティック

　同じ色相で明度や彩度が異なる色を使う配色です。シンプルで落ち着いた印象を与え、デザインのアイキャッチや背景に適しています。色の変化を抑えたいときに有効です。例として、紫系に黒やダークグレーを組み合わせる方法があります。

●トライアド

色相環を3等分した位置の色を選ぶ配色です。バランスが良く、視覚的に魅力的で、デザインに活気を与えたいときに適しています。対称的な選択で調和の取れた印象を与えます。例として、赤、青、黄色の組み合わせがあります。

●補色

色相環の正反対の色を組み合わせる配色です。鮮やかさを強調し、視覚的に強い印象を与えます。重要な要素を際立たせるのに適しており、強いコントラストで目を引く効果があります。例として、赤と緑、青とオレンジの組み合わせがあります。

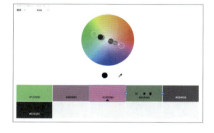

●分割補色

補色の左右の近似色を使う配色です。補色よりも柔らかく、落ち着いた印象を与えます。微妙なコントラストを作りたいときに適しており、控えめで調和の取れた印象を与えます。例として、黄色の補色である青の代わりに水色と緑を使う組み合わせがあります。

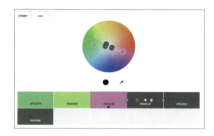

●正方形

　2組の補色を組み合わせるカラフルな配色です。視覚的に活気があり、多様な色を使いたいときに適しています。豊かな印象を与え、例として赤、緑、青、オレンジの組み合わせがあります。

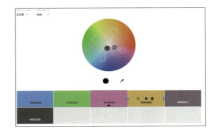

●コンパウンド

　補色と類似色を混ぜた配色です。落ち着いた色合いで調和の取れた印象を与え、微妙な色の変化を作りたいときに適しています。控えめな選択で調和を保ちます。例として、青の補色である緑とその類似色があります。

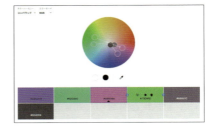

●シェード

　メインカラーに黒を加えた配色です。1色のみでデザインする際に役立ち、深みを与えたいときに適しています。シンプルで落ち着いた印象を与えます。例として、濃い紫から黒へのグラデーションがあります。

カラーパレットを保存する

作成したカラーパレットはCreative Cloudのライブラリに保存して、Adobe Express、IllustratorやPhotoshopなどのアプリで利用することができます

❶ **ダウンロード**：クリックするとカラーパレットがJPGファイルとして保存される
❷ **カラーパレット**
❸ **「保存」ボタン**：クリックするとライブラリに保存される

13-04 画像からの色抽出

画像から簡単にカラーパレットを作成

Adobe Colorは、画像から簡単に色を抽出し、カラーパレットを作成できる優れたツールです。デザインプロジェクトに一貫性をもたらします。抽出された色は、クリエイティブなインスピレーションを提供し、Adobeの他ツールとシームレスに連携して使用できます。

画像から色を抽出してカラーテーマを作成する

1 「テーマを抽出」をクリックし、ウィンドウに画像をドラッグ&ドロップ。

> ⚠️ **Check**
>
> **クリエイティブなカラーテーマを作成できる**
>
> 　画像からの色抽出は簡単かつ効率的です。抽出されたカラーパレットは、プロジェクト全体で視覚的な一貫性を保ちながら、デザインに即座に反映できます。
> 　ついついアプリにプリセットされたカラーパレットから使い慣れた配色を選びがちですが、画像から得られるカラーは新しいインスピレーションの源となり、よりクリエイティブなカラーテーマを生み出します。
> 　カラーパレットはAdobe Creative Cloudと自動で同期され、Adobe Express、Photoshop、Illustratorなどの Adobeツールで即座に利用可能です。これにより、デザイナーは作業の流れを中断することなく、抽出したカラーパレットをスムーズにプロジェクトに組み込むことができます。

自動で生成される5色のカラーパレット

　Adobe Colorでは、画像をアップロードするだけで、自動的に5色のカラーパレットが生成されます。画像上の○を動かすことで、カラーパレットを自由に調整することも可能です。また、画面左側にあるカラーモードを選択することで、同じ画像からでも異なる雰囲気の配色を得られます。

▲カラフル：鮮やかで多様な色を含むパレット

▲ブライト：明るく、軽やかな色合いを持つパレット

▲ミュート：落ち着いた、控えめな色合いのパレット

▲ディープ：濃く、深みのある色合いのパレット

▲ダーク：暗く、重厚感のある色合いのパレット

画像からグラデーションを抽出

　Adobe Colorには、画像をアップロードしてグラデーションを自動生成する機能が備わっています。「グラデーションを抽出」をクリックし、画面に画像をドラッグ＆ドロップします。最大15色までグラデーションの色を選択できます。

コントラストチェッカーで視認性をチェックする

1 Adobe Colorの上部メニューで「アクセシビリティツール」をクリックし、左上ツールから「コントラストチェッカー」をクリック。

📝 Note

アクセシビリティツール

　デザインの視認性はユーザーにとって非常に重要です。Adobe Colorのアクセシビリティツールを活用すれば、配色が「見やすいかどうか」を手軽に確認できます。

・コントラストチェッカー
文字が背景に埋もれず、明確に読み取れるかをチェックして、文字と背景のコントラストは十分かを判別できる

・多様な色覚対応
色の区別が難しい方にとって、適切に認識できる配色かどうか、どう見えるかを確認できる

2 カラーコードを入力したり、スライダーをドラッグして、テキストカラーと背景色を設定する。

3 カラーピッカーをマウスで移動させ、直感的に設定することも可能。判定結果については、366ページの手順4を参照。

既存の画像の視認性をチェックする

1 「カラーの読み込み」をクリック。

2 アップロード画面が表示されるので、画像をドラッグ&ドロップ。

3 テキストカラーと背景色が自動認識される。違うテキストカラーと背景色にしたいときは○を移動させる。設定が完了したら「カラーの読み込み」をクリック。

4 結果が表示される。カラーコードの番号をコピーして利用する。

Check

合否判定の根拠

選択した前景色と背景色のコントラスト比が計算され、WCAG（Web Content Accessibility Guidelines）の基準に基づいた合否判定が表示されます。WCAGとは、Webコンテンツをよりアクセシブルにするための国際的なガイドラインです。

Hint

Adobe Colorのおすすめを使う

Adobe Colorのおすすめを使う場合は、右側の「おすすめ」から、使いたい提案の「適用」をクリックします。

Adobe Expressで編集する

1. 前の操作の続き。Adobe Expressを起動してテキストを選択し、操作パネルの「塗り」をクリック。

2. 「カスタム」タブをクリック。下部の「16進」の入力欄に前ページの手順4でコピーしたカラーコードをペーストし、[Enter]キーを押す。

3. コントラストチェッカーで作成したカラーに変わる。

SECTION 13-05 すべての色覚に対応したデザインを目指す

「多様な色覚対応」ツール

「多様な色覚対応」ツールは、色覚多様性を考慮したデザインを簡単に作成できる機能です。P型（1型）色覚、D型（2型）色覚、T型（3型）色覚のユーザーに配慮して、配色を最適化し、より多くの人にとって見やすいデザインを作成できます。ここでは、制作しているデザインをアップロードして「多様な色覚対応」ツールで配色をチェックする方法を解説します。

デザインの配色をチェックする

1 Adobe Colorのメニューで「テーマを抽出」をクリックし、ウィンドウにチェックしたい画像をドラッグ＆ドロップする。

⚠️ **Check**

対応ファイル形式
対応している画像ファイル形式は「PNG」「JPG」です。

2 画像内のカラーが抽出される。「アクセシビリティツール」をクリック。

13 配色に困ったらAdobe Colorが解決

3 左上のツールから「多様な色覚対応」を選択する。

4 カラーホイールとカラーパレットが表示され、診断結果が表示される。パレット内の「-」は、カラーが識別しにくいと判別されている。

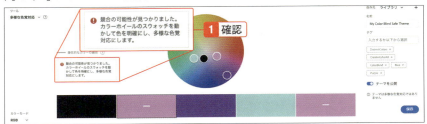

5 カラーホイール内でカラーの位置を補正してカラーパレットを調整すると、診断結果も更新される。

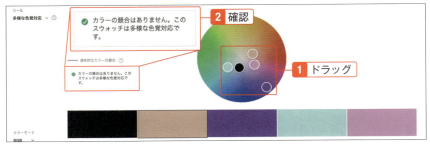

6 ライブラリに保存すると、他のAdobeアプリでカラーパレットが利用できるようになる。

最新のデザインカラーを活用する

Adobe Color のカラートレンド機能

Adobe Colorの「カラートレンド」は、BehanceやAdobe Stockといったクリエイティブコミュニティから集めた最新のデザインにおける色の傾向を紹介する機能です。他のデザイナーやアーティストの作品から最新のアイデアを得てカラーパレットを手軽に作成できます。

カラートレンドを利用する

1 Adobe Colorのメニューバーで「トレンド」をクリック。

❶ 検索ウィンドウ
❷ カテゴリー

> **Note**
>
> **Behance**
>
> Behanceは、Adobeが運営するクリエイター向けのソーシャルメディアプラットフォームです。主な機能として、クリエイターが自身の作品やポートフォリオを紹介し、それを通じて新しい作品を見つけられるよう設計されています。
>
> https://www.behance.net/ ▶

2. 検索ウィンドウにキーワードを入力して検索する。画像アップロードで検索することも可能。

3. カテゴリーからトレンドを探す。もっと見たいときは「さらに表示」をクリック。

4. サムネイルからカラーパレットをダウンロードする。プレミアムプランでは、ライブラリに追加すると直接Adobe Expressで利用できる。

5. サムネイルをクリックすると詳細が表示される。

SECTION 13-07 Adobe ExpressでAdobe Colorを使う ①色の抽出

Adobe Colorで配色、Adobe Expressでデザイン

Adobe ExpressでAdobe Colorを使用すると、プロジェクトにぴったりなカラーパレットを作成し、デザインの質を一段と高められます。配色の選択を簡単に行い、ビジュアルをより効果的に表現できます。

デザインの配色はAdobe Colorにお任せ

　Adobe ExpressとAdobe Colorを組み合わせることで、配色選びがより簡単かつ効果的になります。Adobe Colorでは、カラーホイールや画像抽出機能を使って理想のカラーパレットを作成し、そのパレットをAdobe Expressのプロジェクトに適用してデザインを開始できます。

　作成したパレットをAdobe Expressにインポートすることで、SNS用のグラフィックやプレゼン資料などに活用可能です。Adobe Colorを使って作成したパレットにより、配色の一貫性が保たれ、デザイン全体にプロフェッショナルな統一感が生まれます。

Adobe Colorで統一感のある配色に

　作成したデザインの配色がうまくまとまらない場合があります。例えば以下の化粧品の投稿画像の例では、画像右下の商品写真の色が全体のカラーイメージと一致していません。こんなときはAdobe Colorを活用してカラーパレットを作成することが効果的です。全体のデザインと調和するカラーパレットを作り、統一感のあるビジュアルに仕上げましょう。

13 配色に困ったらAdobe Colorが解決

369

メイン画像から色を抽出する

1. Adobe Colorのメニューで「テーマを抽出」をクリックし、ウィンドウにメイン画像をアップロードする。

2. 画像内のカラーが抽出されるので、気に入ったカラームードを選ぶ（画面は「カラフル」）。

💡Hint

その他のカラームード

▲ブライト

▲ミュート

▲ディープ

▲ダーク

💡Hint

メイン画像のカラーを配色するメリット

　メインとする写真や画像に含まれる主要な色を抽出し、全体のデザインの配色に反映させることで、統一感や調和を実現することができます。

　抽出した色が自然な組み合わせとなるため、視覚的に心地よく、一貫性のあるデザインを作り出す効果があります。

　デザインにおいて、この技法は一般に「カラーパレット抽出」や「ドミナントカラー抽出」と呼ばれます。

SECTION 13-08

Adobe ExpressでAdobe Colorを使う ②ライブラリ

ライブラリ機能でカラーパレットを活用する

Adobe Colorで作成したカラーパレットをライブラリに保存すれば、Adobe Expressでシームレスに利用できます。ライブラリ機能を使用するためには、プレミアムプランへのアップグレードが必要です。

カラーパレットをライブラリへ保存する

1 画面右下の「保存」をクリック。

2 カラーパレットが「ライブラリ」に保存される。

Adobe Expressでライブラリを開く

1 Adobe Colorの画面右上のパネルアイコンをクリックし、表示されたWebアプリサービスから「Adobe Express」をクリック。

2 「マイファイル」からファイルをダブルクリックして開く。

3 ファイルを開いたら「ライブラリ」をクリックし、カラーパレットを保存したフォルダをクリック。

13 配色に困ったらAdobe Colorが解決

4 ライブラリ内のカラーパレットファイルをクリック。

5 上部のメニューバーの「カラーテーマを変更」アイコンをクリックし、カラーテーマのライブラリからフォルダを選択する。

6 ページテーマをクリックすると、ページ全体の配色がAdobe Color作成の配色になる。カラーパレットをシャッフル（SECTION02-19参照）したり、微調整して仕上げる。

●完成例

▲ Before

▲ After

> **Hint**
>
> ### トンマナとは
> 　デザイン現場でよく聞く「トンマナ」とは、「tone & manner」の略称で、広告やWebサイト、出版物などにおいて、世界観や雰囲気を統一するためのルールと考えると分かりやすいでしょう。「トーン」は、デザインや文章から感じ取れる雰囲気や色調のようなものです。一方で「マナー」は、様式やルール、約束事を指します。これらを組み合わせることで、発信する情報に統一感を持たせ、受け手に一貫したイメージを与えることができます。
>
> **【トンマナを構成する要素】**
> **配色**：メインカラー、ベースカラー、アクセントカラーを明確に設定する
> **フォント**：メッセージのトーンに適したフォントを選び、統一する
> **レイアウト**：デザイン全体の配置や構造を一貫させ、視覚的な統一感を持たせる
> **画像素材**：使用する画像のスタイルや編集方法を統一し、全体のイメージを揃える
> **文体の統一**：ライティングスタイルや語彙を統一し、一貫性のある表現を心がける
>
> **【トンマナが使われているデザインの具体例】**
> **コカ・コーラ：**
> 赤と白を基調とした配色と、特徴的なロゴで、明るく活気のあるイメージを世界中に浸透させている
>
> **スターバックス：**
> 緑を基調としたロゴや、温かみのある店内装飾によって、リラックスできる空間を演出している。自宅でも職場でもない、「第三の場所」を提供することを目指しており、そのコンセプトは、トンマナにも反映されている
>
> **ティファニー：**
> ティファニーブルーと呼ばれる独特の青色で、高級感と洗練されたイメージを表現している
>
> **チキンラーメン：**
> オレンジと白のストライプのパッケージで、発売当初から変わらない安心感と親しみやすさを提供している

SECTION 13-09 Adobe ExpressでAdobe Colorを使う ③カラーコード

コピー＆ペーストで無料プランでもAdobe Colorと連携できる

ライブラリ機能は有料のプレミアムプラン専用ですが、無料プランでもAdobe ColorとAdobe Expressでカラーパレットを連携することは可能です。ここでは、16進数のカラーコードをコピー＆ペーストすることでカラーパレットの色を使う方法を解説します。

カラーコードを使う

1. SECTION13-07の手順2（370ページ）の画面で、カラーパレットで使いたいカラーのコピーアイコンをクリック。

Note

16進数カラーコードとは

　16進数カラーコードは、Webページやデジタルデザインで色を指定するために使われる方法で、6桁の16進数（0〜9、A〜F）から成り、#記号の後に続きます。Webデザインやグラフィックデザインで幅広く使用されています。このコードを使うことで、微妙な色調整が可能で、正確に同じ色を再現できるため、デザイナーにとって非常に役立つツールです。

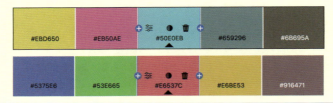

2 Adobe Expressに切り替える。色を変えたいオブジェクトを選択し、「塗り」をクリック。

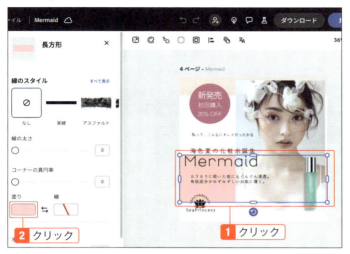

3 「カスタム」タブ下部の「16進」入力欄に、手順1でコピーしたカラーコードをペーストして[Enter]キーを押す。

4 作成したカラーパレットの色に変わる。

5 その他のオブジェクトも、カラーパレットのコードをコピー&ペーストする。

Adobe Colorの利用方法は基本同じ

　ここで紹介したライブラリやカラーコードのコピー&ペーストの利用方法は、カラーホイールなど他のAdobe Colorの機能でも同様に適用できます。また、これらの方法は Adobe Express だけでなく、Illustrator や Photoshop でも活用できます。

Adobe Express / Fireflyで作成したデザイン例

Adobe ExpressやFireflyで作成したデザインの例をご紹介します。いずれもAdobe Express/Firefly初心者の、ノンデザイナーの方々が作成したものです。デザインやイラストの専門知識が不要で、誰でもハイクオリティなコンテンツを作成できるAdobe Express/Fireflyの魅力と可能性を感じていただければ幸いです。

Adobe Expressの作例

●ポスター

使用アプリ：Adobe Express & Firefly Gallery
Fireflyプロンプト：近代都市。右半分がアート、左半分が写真。違いを強く出す。

●ポスター

アプリ：Adobe Express & Firefly Gallery
Fireflyプロンプト：クラブでサイケデリックトランスをながす動物のくまのDJ

●Youtube動画

Adobe Expressのアニメーション機能でイラスト素材に動きをつけました（SECTION 03-05）

●Instagramリール動画

Adobe Expressの「字幕を自動生成」機能を使いました（SECTION 04-13）

Fireflyの作例

プロンプト：Kawaii Future Bassのクラブイベントフライヤー。背景はパステルカラーでピクセル風のハートや音符が散りばめられている。蛍光色で強調。周囲にスピーカーやミラーボール、ゲーム風アイコンが配置され、明るく楽しい雰囲気。
備考：Kawaiiは世界共通の言語としています。

プロンプト：星空の下の雪景色の村　光が漏れる木造のコテージ　雪で覆われた木々　月明かりを反射する凍った川
備考：Fireflyは「反射」の描写が得意です。

プロンプト：キャラ、カートゥーン、少ないシンプルな線で描く、マスコット
備考：かわいいマスコットも描けます。

プロンプト：テーブルの上の一つの赤いリンゴと二つの青りんごにおいている
備考：色と数を認識しています。

プロンプト:かわいいウサギがピンクのカーネーションの花束を持っている、ドアの前、明るい色
備考:ストーリーを理解しています。

プロンプト:雄々しく立つライオンのガラス刻作品。ガラスの透明感、躍動的で芸術的。

プロンプト:ダイヤモンドでできた光る虎のオブジェ、玄関に飾られている。

プロンプト:人工のひまわりの花、ホログラフィック、液体3D
備考:現実的には難しいオブジェを作成できるのが生成AIのメリットです。

※このギャラリーの作品は、就労継続支援B型事業所「Be-it」(運営:株式会社Member)の利用者の皆さまによって制作されたものです。

用語索引

記号・数字

「+」アイコン	26,36,241
1：1	131
16：9	131
16進コード	80,364,376
9：16	131

アルファベット

Adobe Color	350
Adobe Express	18,24
Adobe Express Slack版	34
Adobe Express のトップページ	36
Adobe Expressで開く	266
Adobe Expressの新機能	34
Adobe Firefly	23,248
Adobe Fonts	344
Adobe Stock	27,44,278,340
Adobe Stockコントリビューター	254
AI 音声	147
Artboard Mockups	245
AVI	140
Behance	367
BGM	96
CCサービス	334
Creative Cloud	328,331,333
Creative Cloud ストレージ	335
Dropbox	245
Facebookページ	217
Firefly Image3	258
Firefly Video (beta)	255
GIF	134,232
Giphy	232
Glideshowに背景写真を追加（コンテンツ領域）	
	232

Google Drive	245
InDesign ファイルを変換	33
Instagram	219
Instagram投稿（正方形）	126
JPG	127,128
Lightroom の写真と連携	33
MOV	140
MP4	140
MP4に変換	138
NASA	253
PDFから変換	168
PDFに変換	164
PDFを編集	166
Photoshop web	261
PNG	128
PNGに変換	127
Preferences	330
QR コード	149,151,221
RGBモード	80
SNS オプション	224
SNS投稿の画像サイズ	115
SSID	152
SVG	127,128
TikTok	221
UDフォント	345
Web ページ	230
WEBP	128
Webアプリとサービス	329
Webで開く	337
Webに公開	233
Wi-Fi 接続情報	152
WMV	140
X	220
YouTubeサムネイル（16：9）	126

あ行

アート（コンテンツの種類）……………… 260
アートスタイル…………………………… 298
アイコン……………………………………61,69
アウトライン ……………………………… 64
アカウント ………………………………… 24
アカウント管理画面 ……………………… 332
明るさ………………………………………51,53
アクセシビリティツール ………………… 360
アスペクト比………………………………130
アップスケール……………………………261
アドオン……………………………36,228,245
アドビアプリと他社アプリで使用 ……… 347
アニメーション ……………… 98,100,101,105
アピアランス ……………………………… 99
アプリ……………………………………… 334
一般設定…………………………………… 258
移動………………………………………… 285
今すぐ公開………………………………… 226
イラスト …………………………………… 73
いらすとや………………………………… 245
色温度………………………………………51,53
エディターで開く …………………………143
円ブラシ……………………………………212
欧文フォント ……………………………… 65
オーディオ…………………………………88,94
オーバーレイ ……………………………… 73
お気に入り………………………………… 261,265
オブジェクトパネル ………………………142
オブジェクトを削除 ………………………180
オブジェクトを挿入 ……………… 179,181
音声を自動調節……………………………146
音声を翻訳………………………………… 255

か行

開始アニメーション ………………………98,99
外部との連携……………………………… 261,262

書き替え……………………………………197
可逆圧縮……………………………………128
拡大（アニメーション）…………………… 99
拡張…………………………… 183,285,286
箇条書き…………………………………… 66
カスタムカラー …………………… 76,79,80
下線………………………………………… 64
画像………………………………………… 60
画像から動画生成………………………… 255
画像の拡張とサイズ変更 ………………… 32
画像のサイズを変更………………………125
画像表示の切り替え（Firefly）………… 267
画像ファイル形式…………………………128
画像をアップロード………………………271
画像を切り抜く……………………………129
画像をコピー……………………………… 263
画像を生成…………………………………174
カメラアングル…………………………… 305
カラー………………………………………108
カラーオプション ………………………… 61
カラーコード……………………………… 376
カラースウォッチ…………………………108
カラーテーマ……………………………… 84
カラーテーマのシャッフル ………………113
カラーテーマを変更……………… 81,374
カラーとトーン…………………………… 299
カラーの読み込み…………………………361
カラーハーモニーの選択………………… 353
カラーパレット ……………………………75,81
カラーピッカー …………………………… 76
カラーホイール…………………………… 353
カラーポップ（カラーテーマ）………………… 85
カラーモード ……………………… 370,371
カラーモードの選択……………………… 353
環境設定…………………………… 332,333
カンバスサイズ………………… 37,49,242
キャプション………………………………155
キャラクターアニメーション ……………144
ギャラリー………………………………… 255,264

383

ギャラリーに送信	264
ギャラリーを参照	273,276
行間	67
強度	272,276,282
共有	116
切り抜きツール	47
均等配置	66
クイックアクション	28,120,241
クイック選択	212
クイックモード	174
クラシック（カラーテーマ）	84
グラデーションを抽出	360
グラフィックグループ	73
グラフィックを再配色	33
グラフとグリッド	38
グループ化	58
クレジット	30,332,333
消しゴム	211
権限	117
効果	48
効果音	96
構成参照	174,176,269,271
構成参照として使用	292
高速モード	259
呼吸（アニメーション）	100
コメント可能	117
コラージュメーカー	160
コンテンツ再生	238
コンテンツタイプ	174,175
コンテンツの種類	259
コンテンツ領域（Webページ）	231,232
コントラスト	51,52
コントラストチェッカー	360

さ行

最近使用したファイル	331
サイズ変更	183
再生ボタン	131

彩度	51,53
サイドバー	256
最背面へ	76
削除	232,285,290
作品投稿	341
左右反転	57
さらに生成	176
サンプルギャラリー	269
シーンから画像生成	255
視覚的な適用量	276,282
色相バー	80
色調パレット	80
色調補正	52
色調補正・ぼかし	210
下書きとして保存	226
自動再生	136
字幕	154
シャープ	51
写真	43,88,89,232,260
写真グリッド（コンテンツ領域）	232
斜体	64
シャッター（アニメーション）	99
シャッフルアイコン	86
シャドウ	51,53
終了アニメーション	98,99
縮小（アニメーション）	99
上下反転	57
乗算	56
焦点（ヘッダー）	232
商用利用	30
ショートカットキー	57
ショートカバー（ヘッダー）	232
新規作成	36
スウォッチ	78
スクリーン	56
図形・シェイプ	61,70
スタイル参照	174,177,269,274
スタイル参照として使用	292
ストリーミング配信	139

スピン（アニメーション）················· 99,100
すべての画像をダウンロード ············ 267,268
全てのページを表示····························· 236
すべて表示····································· 39
すべてをアニメート ·····························106
スポイトツール······························· 80
スマホ縦型（9：16）·····························126
スライド（アニメーション）····················· 99
生成AI ··· 248
生成塗りつぶし······························· 284
正方形（1：1）······················· 131,259
全画面表示····································131
挿入···································· 285,287
素材······························· 38,69,110
その他の結果を生成····························186

た行

ターゲティング································190
タイプライター（アニメーション）·············· 99
タイムライン····································103
タスクバー（Webページ）·············· 231,233
断ち落とし····································· 74
縦（3：4）····································· 259
縦（9：16）····································131
縦横比····································· 133,259
ダブルトーン································48,49
多様な色覚対応······························· 366
タンブル（アニメーション）····················· 99
段落··· 67
置換（ヘッダー）······························· 232
中央揃え····································· 66
調整··· 50
著作権··251
ちらつき（アニメーション）················· 99,100
追加··· 38
ツールバー······················38,241,285
定型印刷サイズ································121
テーマを抽出································· 358

テキスト································ 60,232
テキストオブジェクトのタスクバー ········· 233
テキストから画像生成························· 255
テキスト効果を生成·····························187
テキストの検索と置換························· 31
テキストを書き換え（AI）····················· 32
テキストを追加······························· 62
テクスチャ····································· 73
デザインステッカー····························· 72
デザイン素材································· 71
デザインの一括作成························· 32
デザインを作成······························· 293
デバイスからアップロード····················· 44
テンプレート···················· 36,39,114,185
テンプレートを生成·····························185
透過···128
動画··88,92
動画内で話されている言語····················155
動画のサイズを変更···························132
動画を結合····································141
動画をトリミング······························130
動画を翻訳····································· 255
投稿タイプ································ 224,225
投稿予約························36,216,244
ドキュメント····································168
ドリフト（アニメーション）····················· 99
トリミング····································142
トレンド····································· 367
ドロップ（アニメーション）····················· 99
トンボ··· 74
トンマナ····································· 375

な行

ナビゲーションバー················ 257,332,334
ナビゲーションメニュー························· 255
波乗り（アニメーション）····················100
似た画像を検索······························· 343
ニュートラル（カラーテーマ）··················· 85

385

塗り	64
塗り足し	74

は行

背景	75,123
背景を削除	122
背景を選択	289
配色	197
ハイライト	51,53
パステル（カラーテーマ）	84
発信者モード	238
パブリックドメイン	253
ハルシネーション	326
パルス（アニメーション）	100
番号付きリスト	66
パンジー（アニメーション）	99
反転	56
ハンドル	45,46,61
非可逆圧縮	128
ビジュアルアイデンティティ	107,115
左揃え	66
ビデオ（コンテンツ領域）	232
描画モード	55
ファイル	255,265,336
ファイルを結合	170
ファミリーをインストール	347
ファミリーを追加	346
フィードバック	261
フィルター	48
フェード	95
フォント	63,110
フォントをカスタマイズ	188
不透明度	54
太字	64
ブラシ	285,287
ブラシステッカー	72
フラッシュ（アニメーション）	99
ブランド	36,107

ブランドカラー	108,109
ブランドキット	111
震え（アニメーション）	100
フレーム	73
プレゼンテーション	234
プレビュー	131
プレビューボタン	94
プレミアムプラン	29
プロフェッショナル（カラーテーマ）	84
プロンプト	282,286,304,307,310,313,325,326
プロンプト入力欄	174,175,256
ページとして追加	235
ベースカラー	353
ヘッダー（Webページ）	231
ヘッダーアイコン	331
ペルソナ	191
編集	50,261,284
編集可能	117
編集画面	38
編集パネル	60
ホーム	36,255,331
ボールド（カラーテーマ）	84
ぼかし	51,99,100
ボタン（コンテンツ領域）	232
ポップ（アニメーション）	99
ボリューム	95
翻訳	31,201

ま行

マーケティング	149
マイファイル	36,232
またたき（アニメーション）	100
学ぶ	36,137
ミーム動画	203
右揃え	66
ミュート	130,131,133
無料プラン	29

メディア ………………………………… 38,43,88	連携を管理 …………………………………216
メディアを追加 …………………………………142	連携を開く ………………………………… 225
メニューバー… 69,75,268,334,336,344,367	ログイン ………………………………………… 24
文字飾り ………………………………………… 65	録音 ………………………………………………146
文字間隔 ………………………………………… 66	ロゴ ………………………………………… 108,157
文字揃え ………………………………………… 66	ロゴメーカー ……………………………………157
モダン（カラーテーマ）………………………… 85	
モデル………………………………………… 258	
モノクロ（アニメーション）…………………… 99	

や行

揺すり（アニメーション）………………………100
ヨーヨー（アニメーション）……………………100
横（16：9） …………………………………131
横（4：3）……………………………………… 259

わ行

ワイドスクリーン（16：9）………………… 259
和文フォント ……………………………………… 65

ら行

ライズ（アニメーション）………………………… 99
ライセンスを取得 ……………………………… 279
ライト …………………………………………… 302
ライブラリ ……………………………………… 372
ライブラリに保存 ……………………………… 263
履歴…………………………………………… 267
リンクを画像にコピー ………………………… 262
類似の項目を生成 ………………………………291
ループアニメーション …………………… 98,100
ループ再生……………………………………136
ルックアンドフィール ………………………… 274
レイアウト ……………………………………131
レイアウトを分割 …………………………… 232
レイヤー……………………………… 58,103,243
レイヤースタック ……………………………… 58
レトロ（カラーテーマ）………………………… 85

※本書は2025年3月現在の情報に基づいて執筆されたものです。
本書で紹介しているサービスの内容は、告知無く変更になる場合があります。あらかじめご了承ください。

■著者
りゅうかつや
グラフィックデザイナー
久留米大学卒。地元出版社で広告営業を経て編集部に転籍、グラフィックデザイナー及び編集長を兼任。2003年にフリーランスのデザイナーとして独立。現在はデザイン講師、AIコンサルタントとしても活動中。

https://designex.pro/

■カバーデザイン
高橋 康明

Adobe Express &
Adobe Firefly 完全マニュアル
（アドビ エクスプレス アンド アドビ ファイアフライ かんぜん）

| 発行日 | 2025年 5月10日 | 第1版第1刷 |

著 者　りゅうかつや

発行者　斉藤　和邦
発行所　株式会社　秀和システム
　　　　〒135-0016
　　　　東京都江東区東陽2-4-2　新宮ビル2F
　　　　Tel 03-6264-3105（販売）Fax 03-6264-3094
印刷所　株式会社シナノ　　　　　　Printed in Japan

ISBN978-4-7980-7422-1 C3055

定価はカバーに表示してあります。
乱丁本・落丁本はお取りかえいたします。
本書に関するご質問については、ご質問の内容と住所、氏名、電話番号を明記のうえ、当社編集部宛FAXまたは書面にてお送りください。お電話によるご質問は受け付けておりませんのであらかじめご了承ください。